AF453867

La Sicile.

LA SICILE,

CONSIDÉRÉE

Sous le rapport de l'Agriculture.

PAR C. FAMIN,

Chancelier du Consulat général de France
dans le Royaume des Deux-Siciles.

PARIS.

IMPRIMERIE D'EVERAT,

Rue du Cadran, n° 16.

1831.

J'ai écrit cet ouvrage, qui est en quelque sorte une statistique de la Sicile, pendant les années 1823, 1824, 1825 et 1826. Je ne les destinais pas à la publicité sous la précédente administration ; il m'aurait valu une destitution. Enfin, la glorieuse révolution de 1830 a brisé les fers qui enchaînaient la parole, et désormais, sous le gouvernement loyal et constitutionnel de Louis-Philippe, on pourra sans crainte publier à la face du monde les erreurs ou les turpitudes des gouvernemens absolus.

LA SICILE.

—◆—

Les peuples du Nord ont acquis, de nos jours, par leur civilisation et leurs progrès dans tous les genres d'industrie, une grande supériorité sur ceux du Midi, et la différence qui se fait remarquer entre eux, à cet égard, n'est pas moins sensible de province à province que de royaume à royaume. En France, par exemple, c'est dans les départemens septentrionaux que les sciences et les arts ont pris le plus noble et le plus rapide essor. En Italie, les États de l'Église et ceux de Naples paraissent arriérés d'un siècle, si on les compare à la Toscane et à la Lombardie; et la Péninsule tout entière offre-t-elle rien de semblable, quant à l'impulsion des arts industriels, à ce qu'on peut admirer dans un seul comté de l'Angleterre? L'Espagne possédait autrefois les Provinces-Unies : cette circonstance pourrait amener ici un parallèle entre ces deux pays, si la chose était possible, mais où trouver un point de comparaison entre les heureuses provinces du royaume des Pays-Bas et l'Espagne, aujourd'hui si triste et si languissante?

On pourrait multiplier les citations; elles s'offrent en foule d'elles-mêmes dès qu'on jette les yeux sur une carte géographique; les seuls noms propres suffisent pour en réveiller le souvenir.

Toutefois, le Nord ne saurait s'énorgueillir sans ingratitude de cette supériorité dont l'origine est si récente!

C'est du Midi que sont sortis les plus grands hommes et les plus grandes nations; c'est du Midi que se sont élancés ces gerbes de lumière qui ont éclairé le monde.

On ne peut se défendre d'une pénible émotion en traversant cette belle Italie où résidaient jadis les maîtres de la terre, et où maintenant les hommes portent empreints sur leur front les traces du malheur et de la dégradation; où le sol lui-même, déchiré par la charrue, ne découvre pour sillons que des plaies arides! mais c'est surtout en Sicile que cette image de la misère, apparaissant sur les débris d'une grande opulence, attriste à chaque pas l'œil du voyageur. Syracuse qui comptait un million d'habitans; Agrigente et Himère qui possédaient, avec une immense population, toutes les sources de gloire et de prospérité, ne sont que des villes pauvres et obscures; Sélinonte, Ségeste et Solante ne se rappellent plus que par des ruines à la mémoire des hommes, le vaste *emporium* des richesses de Rome, le grenier inépuisable qui approvisionnait ses armées, sont devenus pour la Sicile des souvenirs presque fabuleux. Sans remonter à une époque aussi éloignée, cette île, à diverses périodes du moyen âge, fut riche et heureuse. Elle semblait même devoir se relever peu d'année avant la révolution de France; aujourd'hui, ce n'est plus, en quelque sorte, qu'un rocher perdu au milieu des flots et frappé par la foudre. Le malheur s'est jeté avidement sur cette nouvelle proie, et c'est là, plus que partout ailleurs en Europe, qu'on le trouve dans toute la plénitude de sa puissance. La Sicile est, en un mot, dans une situation telle qu'on peut prédire que sa ruine complète ne se fera pas long-temps attendre s'il n'y survient bientôt un changement immense que, jusqu'ici, rien ne présage. Et que faudrait-il donc pour remédier à tant de maux? par quels moyens pourrait-on conserver ce beau fleuron d'une couronne qui orne le front d'un petit-fils de Louis XIV?.... la réponse ne se fera pas attendre long-temps; elle s'offrira d'elle-même, j'ose le dire, dès qu'on aura parcouru les pages suivantes, où j'ai entrepris d'éclairer la fausse route dans laquelle se sont fourvoyés ceux à qui la destinée de cette île a été confiée.

Siciliens, et vous voyageurs étrangers, dites si vous croyez que les causes de cette infortune aient échappé à vos regards! ne vous a-t-il pas suffi d'ouvrir les yeux pour apercevoir le remède à côté du mal, et quel est celui d'entre vous qui ne s'est pas demandé maintes fois, à ce sujet, par quelle fatalité, ou en vertu de quel système, on s'obstine à faire sans cesse le contraire de ce qu'exigeraient les véritables besoins de la Sicile; pourquoi on a flétri du sceau de l'esclavage cette sœur infortunée de la Grèce; pourquoi on permet qu'un aussi beau pays végète dans la barbarie et l'ignorance au lieu d'y rappeler la civilisation et les lumières par des institutions analogues à celles qui font l'orgueil de la plupart des nations continentales; pourquoi on veut, malgré la nature et les hommes, faire d'une terre agricole, et qui renferme des trésors en son sein, un pays manufacturier; pourquoi on l'isole au milieu des nations commerçantes par un absurde système de douanes? Mais la solution de toutes ces questions n'appartient pas au sujet que je me suis proposé de traiter; je me bornerai à parler de ce qui est relatif à l'agriculture sicilienne, que je vais examiner d'abord dans son ensemble et sous un point de vue général, réservant l'examen des détails pour une seconde partie.

Première Partie.

———

Une nation civilisée peut tirer ses richesses de trois sources :

1º L'agriculture et l'exploitation des mines ; dans cette première catégorie je comprends également tous les arts et métiers intimement liés à l'agriculture, tels que ceux du charron, du menuisier, du forgeron, du maçon, etc. ;

2º Les manufactures ;

3º Le commerce.

Par l'agriculture, elle demande au sol les matières premières ou brutes ; à l'aide des manufactures, elle en multiplie la valeur et en rend l'usage plus utile ou plus agréable ; par le commerce, enfin, elle se procure, à l'aide des échanges, les objets de nécessité et de luxe qui sont propres à d'autres nations. Mais cette heureuse réunion ne saurait se rencontrer partout. La France et l'Angleterre, sous ce rapport, ont peu à désirer. Il est des pays qui ne possèdent que l'une de ces sources de richesses, et chez lesquels il est aussi dangereux qu'injuste de vouloir forcer l'ordre des choses et introduire le moyen manquant, au détriment de ceux qui existent naturellement. La Sicile, purement agricole, en offre un exemple. Mais dans ce contact d'intérêts si souvent opposés, et lorsque l'agriculteur, le manufacturier et le commerçant réclament, tour à tour, une protection spéciale, l'art d'un bon gouvernement consiste à tenir un juste équilibre, et surtout à ne pas écraser ce qui prospère pour donner une vigueur éphémère à ce qui languit.

Lorsqu'une société d'individus vivant sous les mêmes lois peut exploiter les trois moyens de richesses que j'ai indiqués, il est évident qu'en principe, c'est surtout le premier dont elle doit favoriser l'essor, puisque l'agriculture alimente les manufactures et le commerce, et que ces dernières doivent nécessairement en suivre les phases de prospérité ou de décadence. On conçoit, néanmoins, qu'il doit y avoir quelques exceptions à cette règle ; Genève, par exemple, peut bien demander à l'étranger une petite quantité de matières premières, et leur donner, par son industrie, une valeur dix mille fois plus grande ; mais nous ne saurions tirer aucune induction raisonnable d'une circonstance qui passe, pour ainsi dire, inaperçue à côté des faits incontestables qui assurent la priorité à l'agriculture.

Telles sont les considérations générales que j'ai cru utile de présenter d'abord ; je rentre maintenant dans mon sujet pour n'en plus sortir.

Si j'avais à écrire l'histoire politique de la Sicile, je la diviserais en plusieurs périodes, savoir :

1° Temps anciens et obscurs. Premiers habitans de l'île ;

2º Domination des Carthaginois, vers l'an 3400 du monde ;

3º Domination des Romains, vers l'an 3800 du monde ;

4º Gouvernement des empereurs Grecs, 330 ans après Jésus-Christ ;

5º Domination des Sarrasins, l'an 827 de l'ère chrétienne ;

6º Dynastie des princes normands, l'an 1060.

7º Dynastie des rois suèves, l'an 1195.

8º Règne des Angevins, l'an 1267.

9º Dynastie des Arragonais, l'an 1282.

10º Dynastie autrichienne, l'an 1516.

11º Dynastie des rois Bourbons, l'an 1700.

Cette dernière période fut un instant interrompue par le règne de Victor-Amédée, duc de Savoie.

A ces diverses époques, on vit tour à tour la prospérité agricole de la Sicile s'accroître ou s'affaiblir ; mais il n'en est que cinq qui me paraissent mériter ici une attention particulière : ce sont celles des temps anciens, de la *domination des Romains* ; de la *domination des Sarrasins* ; de la *dynastie des rois suèves* ; et celle enfin de la *dynastie des Arragonais*.

Temps anciens.

Quelle que soit l'obscurité des temps anciens, le flambeau de la raison suffit pour en éclairer plusieurs points. On peut prononcer avec une certaine confiance sur des matières douteuses, toutes les fois que le bon sens se trouve d'accord avec les traditions et les écrivains de l'antiquité, alors même que ces traditions sont incertaines, que ces auteurs sont suspects. On doit croire, par exemple, qu'il a fallu un laps de temps considérable pour que l'agriculture pût faire quelques faibles progrès. Pendant plusieurs siècles, les hommes n'eurent d'autre nourriture que les plantes crues, les racines ou la chair des poissons desséchée au soleil; Arien, Strabon, Diodore, Pline et autres écrivains de l'antiquité, se trouvent d'accord sur ce point. *La Genèse* nous apprend que Noë connaissait l'art de l'agriculture; mais ses descendans, dispersés en Égypte, dans la Mésopotamie, dans les plaines du Sennar et dans la Palestine, oublièrent bientôt, à ce qu'il paraît, tout ce qui leur avait été enseigné à cet égard, soit que la fertilité naturelle de ces contrées et la douceur du climat les portassent à la paresse et à l'insouciance, soit que leurs guerres continuelles ne leur permissent pas de se livrer aux arts, même les plus nécessaires. Quoi qu'il en soit, s'il en faut croire Hippocrate, Théophraste, Homère, Apollonius de Rhodes, Virgile, Ovide et d'autres écrivains, en général dignes de foi, parmi lesquels se trouvent ceux que j'ai déjà nommés, les hommes ignorèrent pendant long-temps les ressources que les plantes pouvaient leur fournir; durant des siècles entiers, ils se contentèrent de mâcher les épis de blé encore tendres et verts, et ils crurent avoir fait un pas immense lorsque l'un d'entre eux découvrit qu'il était mieux de faire rôtir ces mêmes épis, ainsi que de nos jours le peuple d'Italie le fait à l'égard du maïs. Les grains ainsi desséchés au feu contractaient une dureté qui en rendait l'usage impossible aux enfans et aux vieillards. Ce fut donc par un nouveau perfectionnement que l'on se décida à broyer sous une pierre polie ces mêmes épis, et, peut-être, en délayer la farine dans le lait. C'était, sans contredit, une importante amélioration ; mais qu'il y a loin de ces gâteaux grossiers à l'art de la panification ! *La Genèse* nous dit encore qu'Abraham ayant reçu la visite de trois anges, dans la vallée de Mambré, Sarah leur servit des gâteaux composés de farine, d'eau et de sel. C'était là, enfin, un pain véritable, mais un pain sans levain ; et ce n'est que quatre cents ans après que nous voyons Moïse parler aux Hébreux du pain *fermenté*. On croit que deux siècles après l'Égyptien Triptolème en fit connaître l'usage aux Grecs. Voilà sur cet objet, tout ce qu'on peut retirer de moins suspect de la lecture des plus anciens livres. Quant aux traditions qui veulent qu'une divinité, nommée Cérès chez les Grecs, et Isis chez les Égyptiens, ait enseigné aux hommes l'art d'ensemencer les terres ; qu'un Athénien appelé Brigos ou Brighis ait inventé la charrue ; que Jupiter soit le premier qui ait attelé les bœufs à cette charrue ; deux Égyptiens, nommés l'un Annus et l'autre Camille aient inventé, le premier l'usage des fours, et le second celui de la panification à l'aide du levain ; que Osiris ait fait connaître aux hommes l'art de greffer les plantes et celui de la bière avec l'orge ; enfin que Minerve ait enseigné la culture de l'olivier, ce sont des faits sur lesquels les savans discuteront éternellement, tant qu'il s'en trouvera qui auront du temps à perdre.

« *Non nostrum inter vos tantas componere lites....* »

Dans des temps plus rapprochés, l'agriculture fit des progrès dont la mémoire nous a été transmise, non-seulement par le témoignage des auteurs contemporains, mais encore par celui des monumens qui ont pu traverser les siècles; tels sont, par exemple, les anciens canaux du Nil dont on voit encore les vestiges. Cependant ces progrès durent être peu importans si on les compare à nos connaissances actuelles. Homère, en parlant des jardins d'Alcinoüs, fait mention d'une petite quantité d'arbres fruitiers, et ce sont les poiriers, les grenadiers, les figuiers et les oliviers. L'usage d'embaumer les cadavres est encore une preuve que les anciens avaient des connaissances en botanique. Quoi qu'il en soit, il est incontestable que la Sicile, peuplée dès la plus haute antiquité, fut également un des premiers pays où l'agriculture fit des progrès. Les traditions mythologiques, qui ne sont pas toutes, comme on a voulu le dire, de purs contes imaginés par des cerveaux creux, mais qu'il faut, au contraire, considérer comme des allégories ingénieuses ou comme des souvenirs embellis, suffiraient pour démontrer cette vérité. Proserpine, disent les poètes, cueillait des fleurs dans les champs d'Enna (aujourd'hui *Castro-Giovanni*), Pluton, dieu des enfers, la vit, conçut pour elle un ardent amour. Cérès accourut pour redemander sa fille, et après avoir appris le nom du ravisseur, elle obtint que cette dernière passerait six mois de l'année auprès d'elle et six mois chez son époux. Est-il besoin d'ajouter que, dans cette ingénieuse allégorie, Proserpine représente la moisson alternativement cachée dans le sein de la terre et reparaissant sur la surface? La scène se passe en Sicile, pays où le culte de Cérès se conserve encore en quelques communes qui, chaque année, à l'époque des moissons, en célèbrent l'ouverture par des processions dans lesquelles figure la plus belle fille du lieu, couronnée de fleurs et d'épis de blé. Les Cyclopes, travaillant le fer dans les

cavernes du mont Etna, n'indiquent-ils pas que les instrumens aratoires, les premiers à l'usage desquels on ait
fait servir ce métal, étaient connus dès la plus haute antiquité? Les fêtes que les Grecs appelaient thesmopho-
ries et théogamies se célébraient également en Sicile, et
on sait qu'elles avaient pour objet l'art de l'agriculture.

Là où cessent les traditions fabuleuses l'histoire nous
montre des colonies de Troyens, de Phocéens et de Phé-
niciens qui vinrent s'établir en Sicile : les premiers y fon-
dèrent Ségeste, dont les ruines subsistent encore. Mais
les nouvelles colonies grecques ne se confondirent point
avec les anciennes colonies de Sicaniens, que l'on croit
être venues d'Espagne, ni avec celles des Siculiens venus
d'Italie. Cette division dans un petit pays devait arrêter
les progrès de la culture des terres ; la diversité des
mœurs, des usages et surtout des gouvernemens qui
étaient aristocratiques, démocratiques ou oligarchiques,
selon que la métropole à laquelle la colonie appartenait
reconnaissait l'une ou l'autre de ces formes ; les incursions
à main armée, sans cesse renaissantes, tout devait arrêter
l'impulsion des arts et surtout de l'agriculture. Enfin le
siècle dit de Gélon vint faire luire sur la Sicile les premiers beaux jours qu'elle eût encore connus. Gélon, élu
roi par les Syracusains, comprit que son premier soin
devait être de rendre son pays fort et puissant pour lui
donner la possibilité d'être heureux et tranquille, et c'est
à ce prince, en effet, que Syracuse doit son importance
et sa célébrité. Gélon détruisit Camarina, Mégare, Eu-
bée et Géla, et en conduisit les habitans à Syracuse. Cet
accroissement de population, consolidé par des lois sages,
donna au souverain la force nécessaire pour repousser les
invasions des Carthaginois et même pour détruire entiè-

rement leur armée dans les plaines d'Hymère, aujour-
d'hui Termini. Politique habile autant que guerrier va-
leureux, Gélon accorda aux vaincus une paix dont il
n'avait pas moins besoin qu'eux-mêmes, et consacra
désormais tous ses loisirs à l'administration et à la police
de ses états. Son frère Géron, qui lui succéda, publia un
code agraire dans lequel ce sage législateur enseigna à ses
peuples l'art de bien cultiver la terre, proposa des récompenses à ceux qui amélioreraient l'agriculture, et menaça
de sévères châtimens ceux qui refuseraient le paiement
d'un droit unique imposé sur les produits agricoles. Ce
code parut si sage aux Romains qu'ils l'adoptèrent par la
suite, ainsi que nous l'apprend Cicéron.

Depuis le règne de Gélon, jusqu'à l'invasion des Romains, on voit la richesse et la puissance de la Sicile
portés au plus haut degré ; les Carthaginois sont constamment repoussés ; les Athéniens envoient en vain
contre les Syracusains une flotte redoutable ; Nicios,
Alcibiade et Lamachus sont complétement battus par
eux ; Hermocate entreprend de brillantes incursions en
Asie ; le premier des Denis fait en Italie d'importantes
conquêtes ; Timoléon et Agathocle remplissent le monde
du bruit de leurs hauts faits ; le second des Géron, tou-
ché du désespoir des Romains, après la défaite de Trasy-
mène, leur envoie trois cent mille *modii* de blé et deux
cent mille d'orge ; ce serait, de nos jours, environ 24,000
salmes de blé et 15,000 salmes d'orge (57,750 et 41,250
hectolitres) ; dans cette même période, les arts et les
sciences brillent d'un vif éclat, et, par-dessus tout, la
philosophie, la poésie et la médecine. Le luxe était porté
à son comble ; les Siciliens ne se couvraient que des plus
riches étoffes ; les chevaux et les chars de prix abondaient

dans leur île ; tous les objets que la volupté des hommes de cette époque avait pu inventer, s'y trouvaient en profusion, et l'art culinaire avait surtout fait des progrès immenses. La renommée des dîners et des cuisiniers siciliens a traversé les siècles.

L'agriculture devait alors être bien florissante puisque Géron le second accorda aux navires rhodiens l'exemption de tout droit d'exportation sur les grains, et qu'il fit construire lui-même un grand nombre de bâtimens pour exporter les productions de l'île. Thucydide, historien grave et véridique, assure que la première guerre que les Athéniens firent aux Siciliens n'avait pas d'autre but que celui d'empêcher ces derniers d'alimenter le Péloponèse.

Domination des Romains.

Il arriva que la puissance africaine prit enfin un tel développement que la Sicile, peut-être énervée par le luxe, se vit hors d'état de résister plus long-temps à Carthage. Elle appela les Romains à son secours ; elle les reçut à titre d'alliés, ils y demeurèrent à titre de maîtres. C'est l'époque de la première guerre punique. Il n'entre pas dans mon plan de dire ici quelles furent les phases de cette guerre, j'indiquerai seulement les conséquences que les événemens politiques eurent sur l'économie agricole de la Sicile.

Les Romains sentirent d'abord la nécessité de donner à cette île des lois qui pussent à la fois concilier les droits de la métropole et les intérêts des nouveaux sujets. Le consul Rupilius, auquel dix légats furent adjoints, fut choisi pour travailler à cet objet. La loi qu'il publia prit le nom de Rupilia.

L'île entière fut divisée en deux provinces qui la partageaient en parties à peu près égales. L'une fut appelée province Lilybéenne (*Lilibetana*), l'autre province Syracusaine : chacune d'elles obéissait à un questeur, et toutes deux reconnaissaient le pouvoir suprême d'un préteur. Cependant les Romains n'enlevèrent pas entièrement aux diverses villes de la Sicile leurs droits anciens : là, comme dans les autres pays soumis à la puissance romaine, on vit des *villes municipales,* des *villes colonies,* des *villes confédérées* et des *préfectures.* Les premières se gouvernaient par leurs propres lois et avaient droit de suffrage à Rome ; les colonies étaient soumises aux lois purement romaines, elles avaient leurs consuls, leurs tribuns, leurs édiles, en un mot elles étaient des copies parfaites de la métropole ; les villes confédérées nommaient elles-mêmes leurs magistrats, se gouvernaient aussi par des lois particulières, mais étaient assujéties à des tributs, redevances, secours en cas de guerre, etc. ; enfin les préfectures étaient les villes les moins bien traitées : on nommait à Rome même des préfets qui apportaient dans leurs résidences un pouvoir illimité ; ils gouvernaient arbitrairement et n'obéissaient qu'aux ordres émanés de Rome. Plusieurs villes, telles que Syracuse, Messine, Palerme, Agrigente, Centurippe, Hymère et autres, obtinrent le droit d'avoir un sénat à l'imitation de celui de Rome.

Toutefois la loi *Rupilia* dominait cet échafaudage confus et mal combiné. Le code agraire de Géron fut conservé à la Sicile et imposé même à cette partie de l'île à laquelle, avant la venue des Romains, il était étranger. Par ce code, ainsi que je l'ai dit plus haut, les produits agricoles devaient payer un droit unique. Ce droit était la dixième partie de ces mêmes produits, ou de leur valeur :

Cette loi, dit Cicéron, *fut écrite avec tant de soin et de sagacité et mettait si bien le cultivateur dans l'obligation de satisfaire à l'impôt du dixième , que , soit aux champs, soit dans les fermes , soit dans les dépôts , comme en re-muant et transportant le blé d'un lieu à un autre , le cul-tivateur ne pouvait , sans la plus grande difficulté , déro-ber un seul grain au* DECUMANUM. *Cette loi enfin fut si bien faite qu'on dirait que celui qui l'a conçue n'avait pas d'autres tributs à percevoir...*, etc.

D'après le code Géron, le magistrat dressait chaque année, ainsi que le fait observer le chanoine Grégorio, écrivain sicilien du dernier siècle , un tableau exact du nombre des cultivateurs , de la quantité des produits agri-coles ensemencés et récoltés.

La décadence de la grandeur romaine troubla le repos dont la Sicile jouissait ; la chute de l'empire l'ébranla jusque dans ses fondemens , et sous le gouvernement imbécille des empereurs grecs, les peuples du Nord l'en-vahirent et la dévastèrent sans pitié. Je ne répéterai pas ici ces événemens historiques qui appartiennent au moyen âge ; ils sont assez connus et n'entrent point dans l'objet que je me suis proposé ; je me hâte d'arriver au neuvième siècle de l'ère chrétienne, époque où les Arabes conquirent la Sicile.

Domination des Sarrasins.

De tous les peuples conquérans , les Arabes sont ceux envers lesquels les historiens ont été le plus injustes. Il est pourtant incontestable qu'à l'époque où l'Europe se trouva plongée dans les ténèbres les plus épaisses, par suite de l'invasion des barbares du Nord, les Arabes nous conservèrent le dépôt précieux des sciences, des arts et des belles-lettres. Cette considération devrait tout dominer, même les antipathies de religion ; mais il n'en est pas malheureusement ainsi, et d'anciens préjugés, nés de l'ignorance dans les siècles du moyen âge, nous font considérer les Sarrasins comme des peuples barbares venus en Europe pour le malheur de nos pères. On ne trouvera pas dans mon langage cette ridicule prévention. Les Arabes apportèrent aux Siciliens les mêmes maux qui auraient suivi tout autre peuple conquérant ; mais ils leur apprirent de nouveau les arts dont la trace s'était perdue, tels que la poésie, la musique, l'architecture et l'astronomie. Ils leur enseignèrent des sciences entièrement inconnues, telles que la physique, et particulièrement la chimie. L'agriculture leur eut de grandes obligations ; les Siciliens apprirent d'eux d'ingénieuses méthodes pour l'irrigation des terres : telle est l'origine de ces *giarre*, sorte de réservoirs de forme pyramidale, que l'on voit dans les environs de Palerme. La culture des jardins et des herbes potagères fut sensiblement améliorée sous leur domination, et ce furent eux enfin, ainsi qu'il sera démontré dans la seconde partie de cet ouvrage, qui donnèrent à la Sicile la plus précieuse des graminées, la canne à sucre. N'oublions pas de dire ici, à la louange des califes qui régnèrent en Sicile, que sous leur gouvernement chacun fut libre de professer sa religion ; plusieurs villes même conservèrent leur indépendance, avec la seule obligation de payer un tribut.

Vers l'an 970, les califes Fatémites alors souverains de la Sicile, ayant conquis l'Égypte, y établirent leur résidence. Plusieurs villes siciliennes profitèrent de leur absence pour se révolter, et l'île se trouva de nouveau divisée en une quantité de petites souverainetés. L'anarchie et la guerre civile désolèrent encore ces belles contrées jusqu'à la fin du onzième siècle, époque à laquelle les Normands en chassèrent les Sarrasins.

Le comte Roger, chef de la dynastie normande, appelé à régner en Sicile, partagea sa conquête en trois parties. Il en donna la première à l'église, et dota des archevêchés, des évêchés, abbayes, et autres ; la seconde fut distribuée à ses compagnons d'armes, et il se réserva la troisième pour lui-même. Ce fut là l'origine des trois pouvoirs que l'on vit bientôt réunis dans les parlemens siciliens sous la dénomination de *bras ecclésiastique*, *bras militaire* et *bras domanial*. Ce fut là encore l'origine des biens communaux, le fléau de l'agriculture.

Les rois normands s'occupèrent peu de la culture des champs ; ils donnèrent tous leurs soins à la juridiction ecclésiastique et à l'établissement de la magistrature.

Dynastie des rois suèves.

La dynastie des rois suèves fut appelée au trône du chef de Constance, fille posthume du roi Roger. Le second prince de cette maison, l'empereur Frédéric, fit faire, par les soins de son secrétaire, le fameux Pierre des Vignes, une compilation des lois rendues par les princes normands , et les réduisit en un code sous le titre de *Constitutions du royaume de Sicile.* Ce prince, ami des gens de lettres et poète lui-même, institua plusieurs universités ; il les dota, et c'est de son règne que datent les propriétés universitaires, autre espèce de biens communaux, non moins funeste que la première à la prospérité d'une nation agricole.

(24)

Frédéric s'occupa aussi de l'agriculture, et l'on trouve
dans le *Regestum Friderici imperatoris* une lettre que
ce prince écrivait de Sarzana, le 15 décembre 1239, à
Oberto Fallamonaco, magistrat à Palerme (*secretum*),
à l'effet de lui annoncer qu'il a donné des ordres pour
que l'on envoyât dans cette capitale deux hommes habiles
dans l'art de faire le sucre. Le chanoine Rosario de Gregorio, que j'ai déjà cité, a dénaturé ce fait, en avançant
que l'empereur Frédéric écrivait à Oberto Fallamonaco
pour le prévenir *qu'il lui envoyait* deux hommes experts
dans l'art de faire le sucre. Gregorio jouit en Sicile d'une
grande réputation peu méritée; c'est, pour le dire en
passant, un écrivain superficiel, et qui mérite d'autant
moins de confiance qu'il n'indique jamais les sources
auxquelles il a puisé. Je rétablis ici le texte de cette
lettre curieuse, sur le sens de laquelle un savant sicilien,
M. Vaccari, intendant à Girgenti, qui a publié der-
nièrement un excellent ouvrage sur la canne à sucre,
ne s'est point mépris; on y verra d'ailleurs que la
langue latine était bien corrompue au treizième siècle :
.... *Juxtà consilium tuum mittimus literas nostras
Riccardo Filangerio, ut inveniat duos homines qui bene
sciant facere zuccarum, ut illos mittat in Panormum pro
zuccaro faciendo. Tu verò literas ipsas eidem Riccardo
studeos destinare, et hominibus ipsis venientibus eos re-
cipias et facias fieri zuccarum, et facias etiam quod
doceant alios facere, quod non possit deperire ars talis
in Panormo de levi,* etc.

Je ne sais, du reste, dans quelle édition du *Regestum* M. Vaccari a trouvé cette dernière phrase, écrite
de la manière suivante : *Quod non possit deperire ars
talis in Panormo. Delevi.* Induit en erreur par cette

faute typographique, il hésite à donner à cette phrase un sens précis, et paraît porté à penser que le mot *delevi*, qui signifierait *j'ai effacé*, indique que cette partie de la lettre de Frédéric fut annulée. Quant à moi, j'ai vérifié le texte à la Bibliothèque royale de Naples, dans la plus correcte des éditions du *Regestum,* dans un volume précieux portant pour titre : *Constitutiones regum regni utriusque Siciliæ, mandante Frederico II, imperatore, per Petrum de Vineâ Capuanum, etc.... , et fragmentum quod superest regestie jusdem imperatores, anno* 1239 *et* 1240. *Neapoli, ex regia typographia , anno MDCCLXXXVI,* et j'y ai trouvé la phrase précitée telle que je l'ai donnée. Son explication ne présente plus ainsi aucune difficulté; *levi* vient de *levis, leve,* qui signifie *léger; de levi,* sous-entendu *causâ* ou *re, facilement* ou *pour une cause légère.* Tacite a dit *in levi habere, estimer peu,* et les Italiens eux-mêmes ont adopté cette locution; l'adverbe *di leggieri,* en leur langue, signifie *facilement, légèrement.*

Frédéric imposa des droits sur divers produits de l'agriculture, tels que le lin et le chanvre; mais ce fut surtout dans son intérêt privé que ce prince s'occupa de l'agriculture. Comme il faisait le commerce pour son propre compte, il apportait le plus grand soin à l'amélioration de ses propriétés et entrait pour cela dans les détails les plus minutieux. C'est ainsi qu'il ordonnait au même Fallamonaco de faire bâtir, sous le palais royal, un colombier, et d'y entretenir des pigeons pour son compte particulier. Il avait d'immenses troupeaux de jumens et d'étalons, dont il vendait annuellement les plus beaux individus. Dans son palais de Messine, des servantes filaient la laine pour son usage, et ce fait est prouvé par une lettre de sa main, écrite en 1240 au *secretum* de Messine. Ses troupeaux de bêtes à laine et de bêtes à cornes lui fournissaient annuellement une quantité considérable de fromages et de laine qu'il vendait aux Sarrasins. Enfin il avait des propriétés si vastes que nous voyons un de ses officiers de justice, *Roger de Amicis*, lui soumettre d'humbles représentations sur ce que les paysans de Siacca, de Girgenti et de Licata ne trouvaient pas à couper assez de bois *pour faire une charrue, tant était grande l'extension des réserves royales.*

On peut conclure de tout ce qui précède que ce prince fut un bon spéculateur et un mauvais roi : celui-là ne doit point avoir d'intérêts personnels à qui tous les intérêts sont confiés.

Dynastie des Arragonais.

Le court passage des Angevins en Sicile ne fut marqué que par les fameuses Vêpres siciliennes; et après cette catastrophe, qui eut lieu, comme on sait, en 1282, la dynastie des princes de la maison d'Arragon fut appelée à succéder aux Suèves. Ils régnèrent pendant cent vingt-six ans, et cette période fut signalée par tous les fléaux qui, dans les temps les plus mauvais, avaient déjà frappé la Sicile. La faiblesse des souverains, l'ambition des grands, les schismes, les factions, les incursions des Africains, telles sont les tristes images que nous présente l'histoire sicilienne sous les Arragonais!

Sous les princes de cette maison, l'île commença à être gouvernée par des vice-rois. Alphonse-le-Magnanime, monarque ami des lettres et de la justice, fonda l'université de Catane, accorda sa faveur aux savans et aux poètes, s'efforça de ranimer l'agriculture et le commerce par de sages institutions, et parvint à cicatriser une partie des plaies qu'y avait imprimées l'administration des autres princes arragonais. Sous ses successeurs, comme sous le gouvernement des Autrichiens, ce pays fut dans un état continuel de langueur et de fièvre.

Enfin une aurore qui promettait de beaux jours vint luire sur la Sicile. Les petits-fils de Louis XIV, déjà assis sur le trône d'Espagne, réunirent à leur domination cette île, ainsi que le royaume de Naples. Charles III, l'un des plus grands rois et des meilleurs princes que le ciel ait accordés à la terre, fonda partout de vastes établissemens, donna aux arts et aux sciences une noble impulsion, et imprima à son règne un caractère de grandeur qui fit à la fois l'orgueil et la consolation de ses sujets. Trop tôt enlevé à l'amour de ses peuples, Charles quitta son royaume des Deux-Siciles pour monter sur le trône d'Espagne, devenu vacant par la mort de Ferdinand VI. Il laissa à Naples, pour lui succéder, un prince encore enfant et en tutelle, connu tour à tour, par la suite, sous les noms de Ferdinand IV, Ferdinand III et Ferdinand Ier.

Nous voici arrivés à une époque contemporaine dominée par les événemens militaires. Que va devenir l'agriculture dans ce conflit de tous les intérêts politiques? Livrée à elle-même, elle s'épuisera en efforts superflus et tombera bientôt accablée de misère et couverte de plaies. L'oubli étendra son manteau sur elle, et à peine de loin en loin la voix de quelque citoyen courageux osera-t-elle s'élever, pour mendier en sa faveur, devant les marches du trône, de ce trône où figure un monarque indolent, entouré de perfides conseillers. Ce prince lui-même perdra la plus grande partie de ses états, et sera réduit à ne régner désormais que sous la suzeraineté de l'Angleterre.

Il importe maintenant d'examiner quelle était la situation de la Sicile lors du rétablissement de la paix en Europe, à l'époque dite de la restauration.

De la situation de la Sicile depuis le commencement du dix-neuvième siècle jusqu'au rétablissement de la paix.

Pendant que la révolution française poursuivait sa carrière éclatante, la cour de Naples s'était retirée deux fois en Sicile; l'Angleterre, fortement intéressée à la conservation de ce pays, y entretenait une armée de 30,000 hommes et finit même par y établir un gouvernement de fait; ses flottes venaient régulièrement s'y ravitailler et y laissaient une abondante quantité de numéraire. La salme de blé (2 hectolitres 75 litres) qui, au moment où j'écris, vaut à peine 2 onces (9 fr. l'hectolitre), en valait alors 8 et même 10 (de 36 à 45 fr. l'hectolitre.)

Des documens authentiques, que je me suis procurés sur les lieux, m'ont mis à même de voir que l'Angleterre envoyait annuellement à son commissaire-général en Sicile une somme de 5 millions de livres sterlings (125 millions de francs), à laquelle il faut ajouter tout ce que les officiers de terre et de mer y laissaient de leur fortune particulière. On conçoit d'après cela que la quantité du numéraire était telle à cette époque, que les monnaies de cuivre devenaient à peu près inutiles : l'or d'Espagne circulait seul dans les marchés et les foires de bestiaux ; on voyait dans les rues de la capitale des enfans jouer au palet avec des écus de 12 taris (5 fr. 20 c.). Il n'y a point là d'exagération ; ce sont des faits de notoriété publique.

En 1815, le feu roi Ferdinand rentra dans ses états du continent. La cour partit laissant après elle des habitudes de luxe, des souvenirs de grandeur. L'Angleterre rappela ses flottes et son armée, et les Siciliens purent alors reprendre leurs relations avec les états du continent ; mais quels changemens n'y aperçurent-ils pas, et combien, après un isolement de quelques années, ils se trouvèrent éloignés des progrès de l'industrie continentale ! Ils virent avec surprise les phénomènes opérés pendant la guerre : eux à qui on avait représenté le continent comme offrant partout l'image de la désolation et du malheur : les villes dépeuplées, les villages détruits par le feu, les campagnes ravagées, les nations démoralisées par l'esclavage et la misère !....... Loin de là, les nouvelles idées de gloire nationale, de patriotisme et de liberté avaient germé dans tous les esprits ; les invasions militaires elles-mêmes, le système continental, la conscription, et la nécessité de se créer partout de nouvelles ressources, avaient donné la plus grande impulsion à l'industrie et à la civilisation des peuples : la chimie avait dépassé les bornes qui semblaient lui avoir été assignées ; l'agriculture était sensiblement améliorée ; de nouvelles manufactures établies en France, en Allemagne, dans la Haute-Italie ; des grandes routes, des canaux et des ponts ; tous les moyens de communication devenus sûrs, faciles et prompts, et, sur toute chose, de sages idées d'économie généralement répandues.

Ainsi les Siciliens se trouvèrent tout d'un coup fort arriérés ; mais ils crurent que leur or pourrait leur suffire pour tenir au moins un juste équilibre ; ils en avaient plus, proportionnellement, qu'aucun peuple de l'Europe, et ils continuèrent, en conséquence, à vivre comme par le passé, cherchant à oublier que tout était changé autour d'eux, qu'eux seuls étaient restés stationnaires, et se reposant d'ailleurs avec sécurité sur les droits qu'ils croyaient avoir acquis à la reconnaissance et à la sollicitude du gouvernement napolitain. Toutefois comme les espèces monnoyées, semblables en cela aux liquides, tendent toujours à prendre le niveau, la Sicile vit s'écouler en peu d'années la plus grande partie des trésors que l'occupation anglaise lui avair légués, et ce fut alors qu'elle découvrit à nu les plaies qui la rongeaient. Les grands propriétaires retirés à Palerme, à Catane et à Messine, passaient leurs jours au sein de la mollesse et des voluptés, ne songeant qu'à dépenser promptement les sommes qu'il plaisait à leurs fermiers de leur envoyer, et laissant d'ailleurs le soin de veiller à leurs intérêts à des comptables (*razionali*) qui s'enrichissaient à leurs dépens ; les *razionali* eux-mêmes étaient entourés de commis qui les trompaient ; ces commis, à leur tour, traitaient directement avec des fermiers qui les dupaient, et les fermiers, enfin, confiaient les bestiaux, les grains, les fruits, les champs à des ouvriers qui les volaient. Une grande partie de la Sicile inculte ; pas une route praticable, pas un canal ; le reste de la féodalité enté sur une constitution avortée. Dans toutes les classes, l'esprit des procès, le goût de la chicane, la soif des richesses, l'amour des dissipations et le mépris du travail. Tel est le tableau déplorable, mais exact, qu'offrit la Sicile peu d'années après la restauration. Les chefs de l'administration cherchèrent à remédier à tant de maux ; ils s'y prirent mal, et, depuis cette époque, le mal a fait des progrès aussi rapides qu'effrayans. Ajoutons qu'après avoir fait brûler les codes français par la main du bourreau, sur la place publique de Palerme, le gouvernement les imposa plus tard aux Siciliens. Or, cette législation, l'une des plus belles, sans contredit, qu'il ait été donné à la faiblesse des hommes de concevoir, est basée sur la bonne foi du serment, et ne convient, par conséquent, qu'à un peuple que son éducation nationale et ses mœurs en ont rendu digne ; mais il faut bien le dire, ce n'est pas en Sicile que l'on trouve cette éducation ni ces mœurs ; la sainteté du serment y est considérée comme une absurdité. Aussi nos codes, donnés inconsidérément aux Siciliens, n'ont été pour eux qu'une nouvelle source de désordres et de malheurs. La législation et l'agriculture sont étroitement unies ; les peuplades errantes qui vivent du produit de la chasse ou de la pêche n'ont pas besoin de se soumettre à l'observation gênante d'un code écrit ; mais celles qui s'attachent au sol par la culture des terres demandent une sécurité morale qu'elles ne trouvent que dans la protection de la loi. Si donc la législation d'une nation agricole n'est pas appropriée à ses véritables besoins ; si les lois exceptionnelles, si les ordonnances réglementaires de toute espèce dont on l'accable ne respirent que la colère et la réprobation, la patrie disparaît, et la nation n'est plus qu'une réunion d'individus pauvres et de mauvais citoyens.

On a dit souvent qu'il eût fallu respecter l'indépendance de la Sicile et lui laisser la forme de son ancien gouvernement représentatif. Sans doute , les droits qu'une nation a achetés à prix de sang sont ce qu'il y a de plus respectable au monde ; ceux de la Sicile étaient en outre consacrés par le temps et par les sermens de tous ses souverains, depuis le duc Roger jusques et y compris Ferdinand Ier, dernier roi. L'indépendance de cette partie du royaume des Deux-Siciles n'a pu lui être enlevée sans ingratitude par un monarque qui, deux fois, y avait reçu la plus généreuse hospitalité, et avait juré jusqu'à trois fois, dans les parlemens de 1802, 1813 et 1815, que si jamais la Providence lui rendait ses états du continent, la Sicile conserverait son indépendance nationale. Quant à la constitution du gouvernement de cette île, on sait qu'elle se réduisait à ceci : de trois en trois ans, le souverain convoquait un parlement qui se composait d'une seule chambre de pairs, dans laquelle, ainsi que je l'ai déjà dit, figuraient le *bras ecclésiastique,* le *bras militaire* et le *bras domanial.* Vingt-quatre heures après sa réunion, ce parlement était dissous de droit. Les pairs avaient voté les subsides triennaux et demandé certaines grâces dont le roi daignait accorder un plus ou moins grand nombre, selon que les subsides alloués étaient plus ou moins considérables.

On a allégué, pour justifier l'inconcevable mesure dont la Sicile s'est vu frapper improvisément, bien des raisons que je ne saurais reproduire ici.

Quoi qu'il en soit, l'agriculture peut prospérer sous un gouvernement monarchique absolu, et ce serait étrangement abuser des principes que d'affirmer qu'il faut nécessairement à une nation agricole une constitution représentative. Il lui faut, avant toutes choses, un gouvernement sage et éclairé. Le système représentatif ne

lui est utile qu'en ce sens que sous un pareil gouvernement la vérité se fait plus aisément entendre du pouvoir
et que les abus d'autorité sont moins fréquens, ainsi que
les vexations particulières ; mais cet avantage lui est
commun avec toutes les industries.

J'éprouve de la satisfaction à pouvoir parler ici de
quelques bienfaits que la Sicile, à cette même époque,
reçut de son souverain ; je veux parler de la diminution
des biens communaux, de la réunion au domaine de l'é-
tat des biens du clergé, des coups portés à la féodalité, et
de l'abolition des fidéicommis.

La loi française qui régit les successions fut modi-
fiée en ce sens que, dans le royaume des Deux-Siciles,
un testateur peut, maintenant, disposer de la moitié de
ses biens quel que soit le nombre de ses enfans ; cette mo-
dification n'a pas empêché le nombre des propriétaires de
s'accroître sensiblement, et cet événement aurait sans
doute amené une grande amélioration dans la culture des
terres s'il n'avait été dominé par d'autres circonstances
dont je vais parler.

Division des propriétés.

Cette augmentation du nombre des propriétaires, que je
considère comme un bienfait dont les conséquences se font
déjà sentir, s'opère toutefois bien lentement, et elle est
loin d'être parvenue à ce niveau d'où doit résulter la division des propriétés telle que l'exigent les besoins de la Sicile.

Sans vouloir renouveler ici une discussion trop souvent reproduite par les économistes politiques, je pense
qu'on ne me contestera pas ce principe que ce qui convient
parfaitement à telle localité ne saurait être bon dans

toutes les localités. En Angleterre, les propriétaires ont de grands capitaux pour faire valoir de grandes terres ; mais en Sicile, ceux qui ont des biens d'une vaste étendue n'ont pas les moyens suffisans pour faire les avances de la culture. Ils sont donc obligés de laisser en friche des portions considérables de terrain et de louer le reste à des fermiers (*fittajuoli*) qui sont, proportionnellement, dans la même pénurie, et qui ne sauraient se tirer d'embarras qu'en empruntant à un taux d'intérêt de 12 à 15 p. %, ou en sous-louant la ferme par petites portions, sous la condition de partager le bénéfice, et c'est par cette raison que les sous-fermiers sont nommés *mezzajuoli*. Qu'arrive-t-il de cette combinaison ? que ces derniers, pour la plupart, dénués de toutes ressources, cherchent à satisfaire aux besoins les plus pressans et à vivre au jour le jour, en faisant du jardinage et en permettant aux pâtres de conduire leurs troupeaux sur les terres destinées à la culture. Cependant l'époque du partage arrive, le fermier fait saisir chez les sous-fermiers quelques misérables outils aratoires ou une vache décharnée, faible compensation de la perte d'une année de récolte ; et, de son côté, le propriétaire, harcelé par les percepteurs d'impôts et par une foule d'autres créanciers, presse le fermier de lui envoyer une partie du produit de la terre pour la faire vendre sans délai. Mais quel est le produit d'une terre où rien n'a été fait d'utile, où l'agriculteur n'a consulté ni la nature du terrain, ni aucune des circonstances locales ou accidentelles qui peuvent influer sur la récolte ? Le plus souvent le malheureux fermier abandonne à son tour moisson, bestiaux et outils, et va dans une des grandes villes de l'île augmenter le nombre des mendians ou des voleurs.

La Sicile, dans ses plus beaux jours, lorsqu'elle était appelée le grenier de Rome et la mère nourrice du peuple romain, était partagée en petites propriétés, ainsi qu'on le voit, entre autres lieux, dans une des harangues de Cicéron contre Verrès, dans laquelle le premier nous apprend qu'avant l'arrivée du coupable prêteur, l'île était divisée en terres de petite culture à tel point que les propriétaires, pour la plupart, n'avaient à cultiver chacun qu'un seul joug de terre (environ 2 *tomoli* et 2 *mondelli* de Sicile. = 13 ares 22 centiares). Aujourd'hui on peut voyager pendant plusieurs jours sur les terres d'un même propriétaire, et partout aussi on voit une immense quantité de terrain perdue pour l'agriculture.

J'ai dit qu'on avait modifié la loi sur la part disponible dans une succession, mais c'est dans le sens contraire que l'intérêt de la Sicile voulait qu'on la modifiât. On ne saurait trop se hâter de donner plusieurs propriétaires à ces grands biens qui végètent entre les mains d'un petit nombre de barons ruinés. Les dispositions du code sont trop lentes à ce sujet ; le malheur est impatient, et on ne doit jamais faire attendre celui qui meurt de faim.

Biens communaux.

Les biens communaux, quoique considérablement diminués depuis quelque temps, sont également trop nombreux encore. C'est une vérité suffisamment démontrée que les propriétés de cette nature rendent infiniment moins que celles des particuliers. Je n'en citerai qu'un exemple. La commune de Marsala avait 600 salmes de terres en biens communs ; elle en retirait à peine 30 onces chaque année. Ces terres ayant été depuis réparties à cent cinquante propriétaires produisent maintenant 600 onces de revenu.

Chacun s'arroge, en outre, le droit de conduire son troupeau dans les biens communaux, ou d'y faire de l'herbe ; ils sont ainsi perdus pour la culture.

Soggiogazioni.

C'est ici le lieu de dire un mot des hypothèques appelées en Sicile *soggiogazioni*. Les barons étaient autrefois les seuls propriétaires de l'île, et leurs biens, transmis en forme de majorats, de père en fils, ne pouvaient être ni divisés ni aliénés. Les capitalistes de cette époque de féodalité, croyant faire un bon usage de leurs fonds, prêtèrent aux barons des sommes plus ou moins considérables pour lesquelles ceux-ci leur cédèrent des hypothèques perpétuelles sur leurs terres : c'est ce qu'on appelle *soggiogazione*. Les bailleurs de fonds ou leurs descendans ont été frustrés de leurs droits, et n'ayant pu faire exproprier les biens hypothéqués, les intérêts s'étaient élevés à des sommes si exorbitantes que les propriétaires de ces biens crurent devoir solliciter plusieurs fois l'intervention du gouvernement pour être libérés de tous les arrérages de leur dette. Deux fois cette demande a été accueillie favorablement, et deux fois par conséquent la banqueroute des débiteurs a été sanctionnée par des décrets royaux, dont l'un date du règne de Charles III, l'autre de celui de Ferdinand Ier. Rien ne saurait justifier cette mesure, et l'événement a prouvé que ceux qui l'ont provoquée, parce qu'ils la croyaient nécessaire, se sont cruellement trompés : ils ont ruiné les possesseurs de *soggiogazioni* sans prévenir la ruine des barons.

Impôts.

Nous avons vu que, par la loi géronienne, les produits du sol étaient soumis au prélèvement d'un dixième
en faveur du gouvernement : remarquons qu'il était
question du produit net. Les Romains conservèrent à la
Sicile le code de Géron, et par conséquent l'impôt précité, auquel ils en ajoutèrent deux nouveaux qui se per-
cevaient annuellement, et un quatrième qui n'était que
subsidiaire et applicable uniquement dans les circonstances graves. Ainsi, après avoir payé le droit *decumanum*, ou avoir fourni la dixième partie de la récolte,
l'agriculture devait livrer au préteur une quantité de blé
égale à celle que le *decumanum* avait produite; il en
était payé à raison de trois sesterces le *modium*. Cette
seconde rétribution était appelée droit d'achat. En troisième lieu, le préteur se faisait livrer, sur les marchés
publics des principales villes de l'île, une quantité de
800,000 *modii* (environ 84,000 salmes, = 231,000 hectolitres), prélevé au prorata, et dont le prix variait selon
les temps et les circonstances; c'était l'impôt dit d'ap-
préciation. Enfin, dans les années de guerre ou de disette, ce magistrat percevait l'impôt dit de commande-
ment; c'était un subside en denrées, arbitraire et illimité. Cicéron assure que, sous l'administration de Verrès,
le *decumanum* produisit. . . . 3,000,000 de *modii*.

    L'impôt d'achat. . . . . . 3,000,000 *Id.*

    Celui d'appréciation. . . . 800,000 *Id.*

           Total. 6,800,000   *modii.*

faisant, à peu près, 714,000 salmes (2,000,000 hectolitres).

Les impôts agraires, dans les siècles suivans, varièrent à l'infini, et il serait également fastidieux et sans objet d'en suivre les phases. Les Normands surtout et les Suèves s'attachèrent à grever de droits certains produits de préférence à certains autres; mais les idées d'économie étaient alors si confuses et si grossières que, de nos jours, il semblerait que le caprice seul, ou un désir aveugle de se procurer des ressources, ait pu imaginer une aussi bizarre répartition. Charles III et Ferdinand Ier commencèrent une réforme que le gouvernement actuel a continué avec zèle. Toutefois, on désirerait que les impôts de barrière, perçus par l'administration des droits indirects sur les produits du sol, fussent mieux répartis et quelquefois plus modérés. Ils procurent, en masse, une recette annuelle de 55,000 onces (462,000 fr.). Le gouvernement sicilien ne saurait trop porter son attention sur le droit de mouture qui, dans les circonstances actuelles, est fort onéreux à l'agriculture; ce droit varie selon que les farines doivent être introduites dans les villes ou demeurer dans les campagnes. C'est la distinction du *macinio civico* et *macinio rurale*. On calcule que chaque salme, l'une portant l'autre, est soumise à un droit de mouture de 13 taris 12 grains. Sur le budget de la Sicile pour l'année 1824, le produit de cet impôt est calculé à raison de 458,000 onces (6,045,600 fr.).

Par une conséquence naturelle de la rareté du numéraire, les fermiers, le plus souvent, paient leurs ouvriers avec du blé; ceux-ci après l'avoir écrasé entre deux pierres polies en font une espèce de bouillie qui, avec un morceau de fromage (*cascio cavallo*), et quelques racines ou herbes, compose leur unique nourriture.

J'aurai long-temps présent à la mémoire un de ces malheureux que j'ai vu disputant à une bête de somme l'herbe triturée et couverte d'écume qu'elle laissait échapper de ses dents ; bien plus, il n'est pas rare d'en voir qui cherchent dans les tas d'immondices les alimens les plus dégoûtans et les plus malsains. Le cœur se soulève à cette idée, et, même après en avoir été le témoin, on voudrait en douter.

Quant aux autres impôts de tout genre, leur énormité et leur mauvaise répartition sont, à mes yeux, une des causes principales de la situation critique où se trouve la Sicile. J'entrerai à cet égard dans quelques détails.

En 1810, le gouvernement fit dresser un cadastre général pour l'établissement de l'impôt foncier. Il prit pour base la valeur des céréales, éleva la contribution à 7 p. %, et y ajouta, peu après, une surtaxe de 5 ½, en tout, 12 ½ p. %. Or à cette époque, ainsi que je l'ai déjà dit, une salme de blé se vendait 10 onces, aujourd'hui elle n'en vaut plus que 2, terme moyen ; d'où l'on voit clairement que la véritable taxation de l'impôt foncier, qui est toujours calculée à raison de 12 ½ p. % sur une valeur présumée de 10 onces par salme de blé, est en réalité de 62 ½ p. %, puisque 2 est à 10 comme 12 ½ est à 62 ½. Un autre inconvénient est résulté de l'établissement du cadastre de 1810, et c'est le suivant : quelques propriétaires prévenus à temps laissèrent, pour cette année-là seulement, une grande étendue de terrain en jachère, et éludèrent ainsi, pour l'avenir, le paiement d'une forte partie de l'impôt, attendu que les terres non ensemencées n'entrèrent point dans les calculs de l'administration. Ceux qui agirent avec plus de bonne foi, et qui formèrent la grande majorité, souffrent aujourd'hui de cette inégalité de la répartition du foncier autant peut-être que de son énormité.

Les autres taxes sont également hors de proportion avec les ressources du pays, et on sait qu'en dernier résultat c'est la terre qui les paie toutes. Or, en Sicile, le budget des dépenses s'élève à 1,700,000 onces (22,440,000 fr.), dont plus de 900,000 (11,880,000 fr.) se consomment hors de l'île, savoir :

Assignation à la cour aujourd'hui fixée à Naples.	209,000
Pensions à diverses personnes établies à Naples.	6,133
Contingent pour le corps diplomatique. .	30,000
Contingent pour les armées de terre et de mer, 700,000, dont ¼ seulement se dépense en Sicile, les autres ¾ s'élèvent à.	525,000
Ministère des affaires de Sicile à Naples. .	6,908
Intérêts de la dette, 168,065, les $\frac{4}{5}$ sortent de l'île.	134,452
Total en onces.	911,493

C'est donc sans motifs raisonnables que les défenseurs du système actuellement en vigueur prétendent que les impôts en Sicile ne sont pas hors de proportion avec les ressources de ce pays, puisqu'il est démontré :

1° Que, pour ce qui concerne l'impôt foncier (qui se rattache plus particulièrement à l'objet de ce livre), ce n'est pas sur la taxation nominale de 12 ½ p. % qu'il faut calculer, mais bien sur la taxation réelle de 62 ½ p. %.

2º Que sur une somme totale de 1,700,000 onces à laquelle s'élève le budget des dépenses, il en sort, chaque année, plus de 900,000, perte positive pour la Sicile.

Droits d'importation sur les marchandises étrangères.

La question que je viens de traiter me conduit naturellement à examiner celle des droits qui pèsent sur les marchandises étrangères, à leur importation en Sicile.

Adam Smith, M. Say et quelques autres économistes de la même école, ont suffisamment prouvé, à mon avis, que les prohibitions et les droits trop onéreux sur les objets importés par les nations étrangères avaient, le plus souvent, des résultats funestes à l'état. Nous voyons, en effet, que les négocians de Lyon durent supplier Louis XV d'abolir les impôts prohibitifs dont, à leur propre sollicitation, il avait frappé quelque temps auparavant les soieries étrangères. Dans le mémoire qu'ils présentèrent à ce sujet, les Lyonnais exposèrent que le défaut de concurrence avait fait renchérir les soieries de Lyon; qu'à la vérité les fabricans s'étaient enrichis, mais que la nation y avait perdu.

Avouons cependant que les manufactures naissantes, ainsi que la consommation des productions naturelles, ont besoin d'être encouragées par des lois de douane sages et modérées. Or comme en France les exportations ne s'élèvent à peu près qu'à la sixième partie de la valeur de la consommation intérieure, et en Angleterre à la septième partie seulement, il me semble hors de doute qu'une liberté trop illimitée accordée au commerce d'importation des nations que je viens de prendre pour exemples leur serait fort préjudiciable; mais on ne saurait appliquer ce raisonnement à la Sicile : car dans ce pays, purement agricole, l'expérience de tous les temps a démontré qu'on ne peut espérer de vendre les productions du sol qu'aux étrangers dont on a consenti à recevoir en retour les marchandises manufacturés. Si vous prohibez les draps de France, les toiles d'Angleterre, les cuirs tannés de Gênes et de Livourne; les commerçans de ces pays iront acheter du coton, des huiles, des soies et du sumac là où on les traitera moins rigoureusement, et on n'ignore pas que ces objets se retrouvent dans le Levant, dans l'Archipel, à Malte, en Barbarie, en Espagne et ailleurs. La Sicile n'a rien à perdre à accorder l'entrée libre aux manufactures étrangères, puisqu'elle n'a pas de concurrence à leur opposer et elle a tout à y gagner puisque c'est le meilleur moyen d'attirer chez elle des acheteurs pour ses productions, et par conséquent des capitaux qui, quelque jour, pourront lui servir à établir aussi des manufactures si la nécessité s'en fait sentir; mais il n'en est pas ainsi, et le tarif des douanes frappe de droits excessifs toutes les marchandises étrangères; quelques-uns équivalent même à une prohibition absolue, et chaque article, l'un portant l'autre, est soumis à un droit d'environ 40 p. % de sa valeur, ce qui me paraît exorbitant.

Les faits ont déjà justifié ce raisonnement, et les tableaux de commerce que l'on trouvera au chapitre III de la seconde partie de ce livre indiquent une diminution annuelle dans les importations, et par contre-coup dans les exportations. On objectera peut-être que, quelle que soit la diminution annuelle du commerce en Sicile, il semble que cette île doit obtenir un avantage de balance, puisqu'il résulte de l'inspection des mêmes tableaux que a valeur des exportations surpasse ordinairement celle des importations, et qu'il est à supposer que l'excédant est payé à la Sicile en numéraire. A cela je répondrai :

1º Que l'excédant en numéraire que paient peut-être les nations étrangères est largement compensé par la somme de 900,000 onces qui sort annuellement de la Sicile, ainsi que nous l'avons vu plus haut ;

2º Que la prospérité d'une nation commerçante ne dépend pas toujours de cet excédant des exportations sur les importations dans la prétendue balance commerciale. Le fait contraire me paraît plus souvent vrai. De quoi se compose, en effet, la richesse publique, si ce n'est des richesses particulières ? Or, consultez tous les intérêts individuels, et voyez, par exemple, si un négociant qui a expédié pour 200,000 francs de marchandises françaises à l'étranger, et qui par fortune de mer ou autres accidens ne reçoit en retour que 100,000 fr. en marchandises étrangères, croira avoir fait un bénéfice de 50 p. % : bien plus, si le chargement par lui exporté se perd entièrement, s'il ne reçoit rien en retour, en conclura-t-on que sur cette seule expédition par laquelle la France a envoyé au dehors pour 200,000 francs d'articles manufacturés chez elle, et qui n'a rien produit en échange, la balance commerciale est en sa faveur de la somme entière de 200,000 francs ? Et si, au contraire, cette même expédition de 200,000 francs avait produit un retour de 300,000 francs, diriez-vous qu'il y a eu perte pour la France de tout l'excédant de la rentrée sur la sortie ? Quel raisonnement ! et c'est pourtant à une semblable conclusion qu'on est irrésistiblement conduit par le système de la balance commerciale. Qu'on veuille bien remarquer, en outre, que si j'ai cité, à ce sujet, les

accidens de mer (avaries, pertes de navires et autres),
c'est uniquement parce que ces circonstances sont les premières qui se soient offertes à mon esprit; j'aurais pu
parler de tout autre événement qui amène une perte
quelconque pour le spéculateur, et par suite pour l'état,
et qui reste à jamais ignoré de l'administration : c'est un
secret entre le négociant et son correspondant, de même
que les naufrages et autres pertes par force majeure n'entrent jamais en ligne de compte dans les calculs de balance commerciale. Il serait ridicule de supposer le
contraire.

Que si l'on répliquait qu'il est raisonnable de supposer, en principe, que la différence des importations sur
les exportations a dû être payée en numéraire, et qu'ainsi
la nation qui a reçu cet excédant en espèces métalliques
y a gagné d'autant, puisque ce sont les métaux précieux
qui constituent la véritable richesse, je dirais que c'est
encore là, à mes yeux, une grande erreur : la nation
dont il s'agit y gagnerait, sans doute, si le numéraire
reçu par elle était un excédant de toutes ses importations
in globo sur toutes ses exportations; mais s'il n'en est
que l'appoint elle n'y a rien gagné. Les métaux précieux
ne sont que des moyens d'échange et des agens utiles,
mais non pas indispensables, entre les marchandises qui
vont et viennent. Il y a plus, l'argent n'est lui-même
qu'une simple marchandise et une marchandise moins
précieuse que les autres, puisqu'elle tend toujours à courir après ces dernières et que celles-ci ne courent pas
toujours après le numéraire. Ce n'est pas pour le plaisir
d'entasser une grande quantité d'or et d'argent qu'on
ambitionne d'être riche, c'est pour se procurer tous les
objets de nécessité, d'agrément et de luxe qui peuvent

rendre la vie plus heureuse ; mais celui qui possède ces objets ne veut pas toujours les vendre pour s'en procurer des valeurs monnoyées. Quand deux nations commercent entre elles habituellement, celle des deux qui reçoit un appoint en numéraire doit donner en échange des marchandises pour une égale valeur, et cet appoint, ne doutez pas qu'à son tour, elle ne le paie bientôt à une autre nation !

« La folie d'entreprendre, par des moyens de con-
» trainte, d'accroître dans un pays quelconque la
» quantité de l'or et de l'argent monnoyés, et l'absolue
» impossibilité d'accumuler ces métaux au-delà d'un
» certain niveau, par des lois et des réglemens, sont au-
» jourd'hui parfaitement démontrées ; et l'exemple de l'Es-
» pagne et du Portugal a rendu ces vérités plus sensibles. »
(Malthus. *Essai sur la population*, liv. iii, chap. 5.)

Si l'on veut, du reste, apprécier à sa juste valeur l'importance du commerce du numéraire, voici une observation dont chacun pourra aisement vérifier l'exactitude :

Le gouvernement français publie depuis quelques années des tableaux détaillés du commerce d'importation et d'exportation de la France avec tous les pays du monde ; on y voit :

1º Que l'Angleterre paie annuellement à la France une somme moyenne de quatre-vingt millions de francs en numéraire, et que nous lui en rendons à peine un demi-million ; que les Pays-Bas sont nos tributaires de quarante-cinq millions de francs, argent monnoyé, et ne reçoivent de nous que la sixième partie environ de cette somme ; que les États-Unis nous comptent vingt millions en espèces sonnantes, dont nous leur restituons, tout au plus, la quarantième partie ; que la Prusse nous en verse soixante fois plus qu'elle n'en exporte, etc.

2° Que la Turquie, au contraire, reçoit de nous la moitié au moins de la somme en numéraire qu'elle nous verse annuellement; que le Portugal en reçoit le quart; l'Autriche les neuf dixièmes et l'Italie les quatre cinquièmes; que nous en donnons à la Suisse deux fois plus qu'elle ne nous en rend, etc.

C'est-à-dire que les pays les plus florissans du monde sont précisément ceux qui nous versent le plus fort excédant de numéraire, tandis que c'est tout l'opposé pour les nations qui se trouvent accidentellement ou habituellement sous l'empire de circonstances malheureuses : la conclusion est facile à deviner.

En vain dira-t-on que les sommes en numéraire qui nous sont payées par l'Angleterre, par les Pays-Bas et les États-Unis, proviennent en partie de celles que laissent chez nous les voyageurs anglais et autres, et en partie de l'appoint de la balance commerciale de ces mêmes nations avec d'autres pays, appoint qui s'effectue en France pour la plus grande commodité des deux parties : ces raisons, en les admettant comme fondées, ne prouvent rien contre mon opinion, car quelles que soient les causes qui obligent un pays à payer une différence dans la balance commerciale en numéraire, c'est par les résultats seuls qu'on peut voir s'il y a pour lui du désavantage en cela. Bien plus, je tire de ces mêmes objections un nouvel argument en faveur d'une opinion que j'ai émise plus haut. On y voit, en effet, que certains pays, créanciers de l'Angleterre, des Pays-Bas ou des États-Unis, balancent leur compte en nous faisant tenir du numéraire et en prenant nos marchandises manufacturées ou autres; donc l'importation des marchandises peut équivaloir à

celle du numéraire, puisque les pays dont il s'agit adop-
tent ce moyen.

Enfin, l'expérience de toutes les époques ne demontre-
t-elle pas suffisamment que lorsqu'une nation se trouve
dans une situation prospère, la somme de ses importations surpasse celle de ses exportations? pour ne pas me
laisser entraîner trop loin au-delà des limites que je me
suis imposées, je n'en donnerai qu'un exemple, mais
cet exemple sera puissant parce que je le prendrai dans
notre histoire moderne. Les années citées par M. Chaptal,
dans son excellent ouvrage sur l'industrie française,
savoir : 1787, 1788 et 1789, sont celles où le commerce Français était dans toute sa prospérité; où les navires expédiés de Bordeaux et de Nantes couvraient les
mers des deux mondes; où Marseille enfin avait le
monopole du commerce du Levant et de la Barbarie, et
cependant, à la fin de 1787 les importations offraient,
sur les exportations, un excédant de cent quatre-vingt-six
millions de francs, en 1788 de cent douze millions, et
en 1789 de cent quatre-vingt-quinze millions.

Au contraire, à l'époque de triste mémoire où la
France livrée à l'anarchie, à la guerre civile, sous le ré-
gime dit de la terreur; lorsque chacun s'empressait de
mettre en sûreté ce qu'il avait de plus précieux, quel est
le hardi spéculateur qui aurait osé, en France, se livrer
au commerce d'importation? alors tout passait à l'étranger sans produire aucun retour; les exportations étaient
considérables, les importations étaient nulles. Dira-t-on
que c'était là une ère de prospérité et de richesse, et que la période de 87 à 89 était au contraire une époque désastreuse ?

Chaptal, conduit par un travail consciencieux et long
aux résultats que je viens d'indiquer, n'osa pas, à ce

qu'il paraît, en tirer une conclusion qui aurait renversé les idées dont il était imbu, et il ajouta à ce tort celui de chercher à induire ses lecteurs en erreur par l'étrange observation dont il fait suivre immédiatement ses calculs et que je reproduis ici pour en démontrer l'inexactitude.

« Ces résultats, dit-il, paraissent défavorables à la » balance du commerce français, puisque les importa- » tions sont de beaucoup au-dessus des exportations; » mais si l'on considère qu'on a fait entrer dans le calcul » des importations les productions de nos colonies d'Asie, » d'Afrique et d'Amérique pour une somme d'environ » 240,000,000, tandis que les exportations, pour ces co- » lonies ne s'élèvent, terme moyen, qu'à 90,000,000, on » trouvera que les exportations excèdent les importations. »

Je ne veux point examiner si, en effet, comme nous l'assure l'auteur, les avantages du commerce colonial sont en raison inverse des avantages du commerce étran- ger ; pour éviter une discussion hors de place, je lui en fais la concession : qu'en résulte-t-il? c'est que sur la somme moyenne des importations, pendant les trois an- nées précitées, suivant les chiffres de Chaptal lui-même, ou sur . . . . 630,000,000 fr.
nous devons déduire celle des im- portations coloniales. . . . . 240,000,000 fr.
____
Reste. . . . . 390,000,000 fr.

Et par la même raison nous devons déduire de la somme moyenne des exportations s'é- levant à . . . . 440,000,000 fr.
Celle des exportations coloniales. 90,000,000 fr.
____
Reste. . . . . 350,000,000 fr.

D'où l'on voit que, nonobstant l'assertion de l'auteur et d'après ses propres calculs, il y a encore un excédant de quarante millions de francs, en faveur des importations. Les résultats obtenus par des chiffres sont sans réplique.

On pourrait ajouter bien des volumes à ceux qu'on a déjà écrits sur cette question dont l'examen a été ici une digression nécessaire.

Nous venons de voir que les droits trop onéreux qui pèsent sur les marchandises étrangères étaient nuisibles à la vente des productions du sol de la Sicile, l'agriculture a donc sujet de s'en plaindre et de demander une réforme à cet égard. On a lieu surtout de s'étonner d'une disposition de la loi du 30 novembre 1824, par laquelle les marchandises étrangères qui ont déja été soumises dans le royaume de Naples au paiement des droits de douanne sont encore tenues, quoique timbrées et plombées, d'acquitter une seconde fois ces mêmes droits lorsque, du continent, on veut les faire passer en Sicile; et, cependant, cette île n'est plus qu'une province napolitaine ! C'est absolument comme si des marchandises étrangères introduites au Havre, après le paiement légal des droits, et destinées pour Lyon, étaient soumises à un second paiement pour passer du département de la Seine-Inférieure dans celui du Rhône.

Des moyens de circulation intérieure.

Le manque absolu de moyens de circulation intérieure n'est pas un des moindres vices à signaler dans l'intérêt de l'agriculture. On trouve, il est vrai, quelques routes dans les environs des grandes villes et, notamment, dans

(5o)

le val de Mazzara, mais elles sont, en si petit nombre et
si mal entretenues que je n'en parlerais pas si je n'étais
obligé de dire que, depuis de longues années, les Siciliens
paient certaines contributions dont le montant est destiné à faire des grands chemins, aussitôt détruits qu'a-
chevés, parce qu'il n'y a ni ponts ni canaux pour les
torrens qui, l'hiver, descendent des montagnes et auxquels les Siciliens donnent le nom de *Fiumari*. On travaille d'ailleurs à la construction des routes, mais avec
une lenteur qui ne permet pas aux habitans d'espérer
de voir bientôt achever ce qu'on leur a pourtant fait payer
déjà jusqu'à trois fois. Je n'ignore pas que l'on nie aujourd'hui cette circonstance, et que des écrivains habitués
à tremper leur plume dans le fiel, et qui s'imaginent,
d'ailleurs, que leurs ouvrages leur seront d'autant plus
utiles, qu'ils y auront mis le cachet d'une plus basse adu-
lation, répondent à ces assertions par des cris et des in-
jures ; mais les faits n'en subsistent pas moins et si le
recueil des actes des parlemens siciliens, jusqu'en 1815,
ne suffisait pas pour dissiper tous les doutes à cet égard,
on aurait, de plus, en Sicile, le témoignage des contemporains qui n'ont certainement pas encore oublié ce
qu'ils ont payé, soit en impôts votés, soit en intérêts de
divers emprunts.

Le mauvais état des routes terminées était déjà inquié-
tant en 1812, et voici, à ce sujet, l'extrait d'une pièce
officielle publiée dans un journal intitulé *il Periodico
di Sicilia*, n° 7, 25 maggio 1812.

Traduction. — « Malgré le désir du roi, *les efforts de
» la nation*, les impulsions du besoin et les magnifiques
» modèles que nous avons sous les yeux, nous ne sommes
» point encore parvenus à remplir l'objet si intéressant

» de réunir tous les points de la Sicile par des routes
» commodes et carossables, seul moyen de pouvoir éprou-
» ver les effets de la concurrence, au moyen de laquelle
» les théoristes de la liberté du commerce pourraient
» venger le discrédit où ils sont tombés dans l'opinion de
» bien des gens.

» Peut-être l'insuffisance des moyens, eu égard à la
» grandeur de l'entreprise, nous a-t-elle fait procéder
» lentement dans une opération qui devrait être rapide-
» ment exécutée, afin de prévenir désormais ce qui est
» arrivé jusqu'ici, c'est-à-dire de voir une route détruite
» bien avant qu'elle ne fût achevée.

» Or, l'administrateur actuel de cette branche du ser-
» vice, M. le prince de Campo Franco, après avoir sa-
» gement comparé les ressources et les besoins, au lieu de
» s'attacher à la construction de nouvelles routes, a cru
» qu'il était plus utile de songer d'abord à réparer les an-
» ciennes. De cette manière, si nous n'avons fait aucun
» progrès dans l'entreprise des grands chemins, nous
» n'aurons certainement pas la douleur de voir reculer
» et de nous arrêter à l'entrée des routes nouvellement
» construites, ainsi qu'on le ferait au milieu des ruines
» de celles qui ne nous offrent plus que les vestiges de la
» magnificence romaine. Nous n'aurons plus le doulou-
» reux spectacle *des grandes pertes que nous avons éprou-*
» *vées et dont, jusqu'à présent, nous n'avons aucune*
» *compensation*, etc. »

Les calculs les plus approximatifs portent le prix du
transport d'une salme de blé, depuis l'intérieur jusqu'aux
villes où elle se débite, à trois ducats, ou une once
de Sicile. Or, s'il y avait des routes praticables pour les
voitures, et des canaux, on pourrait épargner, au moins,

une moitié des frais de cette nature; et comme la quantité consommée annuellement s'élève à environ 1,700,000 salmes, la confection des routes et canaux procurerait, sur les blés seulement, une économie annuelle de 850,000 onces (presque onze millions de francs); mais, indépendamment de cet avantage que l'établissement des grandes routes et des canaux procurerait aux habitans de la Sicile, ceux-ci y trouveraient encore celui d'appeller chez eux une plus grande quantité de voyageurs étrangers, classe qui enrichit ordinairement les pays qu'elle fréquente, et celui d'assainir les campagnes. Dans cette île, en effet, où il ne pleut pas depuis le commencement de mai jusqu'à la fin de septembre, les torrens se dessèchent et déposent sur le sol les corps hétérogènes qu'ils y ont charriés en hiver et dont la putréfaction répand au loin des miasmes pernicieux. Aussi rencontre-t-on fréquemment des cloaques infects que personne ne se donne la peine de faire écouler et qui n'existeraient pas s'il y avait des moyens faciles de les pousser jusqu'à la mer.

Enfin, le manque absolu de moyens de circulation intérieure a établi en Sicile une diversité de mœurs et de langage qui y entretient les préjugés nationaux, les jalousies de voisinage, et surtout l'ignorance.

Administration civile, judiciaire, etc.

Me voici parvenu à la partie la plus délicate et, je le dis avec sincérité, la plus pénible à traiter. Comment ne serait-on pas douloureusement affecté en voyant de près tout ce que l'administration pourrait apporter de soulagement aux maux dont se plaint la Sicile, et que, non-seulement elle néglige, mais que, par un inconce-

vable aveuglement, elle semble repousser avec obstina-
tion !

La Sicile fait partie intégrante du royaume des Deux-
Siciles. Le roi, dans ses décrets, la désigne sous le nom
de *Domaines au-delà du Phare.*

L'île est divisée en sept provinces ou intendances,
appelées *Valli*, savoir : 1º val de Palerme; 2º val de
Messine; 3º val de Catane; 4º val de Girgenti; 5º val
de Syracuse; 6º val de Trapani; 7º val de Caltanissetta.

Chaque val est administré par un intendant dont les
attributions correspondent à celles de nos préfets de départemens. Il a auprès de lui un secrétaire général, un
conseil et une secrétairerie d'intendance.

Les sept intendances sont subdivisées en vingt-trois
districts, chacun desquels est administré par un sous-
intendant qui a aussi sa secrétairerie de sous-intendance.
Les districts se composent d'un certain nombre de communes. Le chef de la commune se nomme syndic ; il a
sous ses ordres deux adjoints (*eletti*), un greffier-archi-
viste, un caissier et un conseil communal, qui prend
le titre de *décurionat.* Le gouvernement suprême de l'île
est confié à un lieutenant-général, dont les fonctions
sont celles d'un gouverneur de province. Il réside à Palerme.

Tout ce luxe d'administration coûte fort cher à la Sicile.
Les Arabes l'avaient divisée seulement en trois *valli* à peu
près égaux : val de Mazzara, val de Noto et val de Demone. C'est tout ce que son étendue, sa population et
ses ressources peuvent comporter encore. Cette division
a long-temps subsisté, et il me paraît urgent d'y reve-
nir, en supprimant les quatre intendances les moins
importantes, savoir : celles de Catane, Syracuse, Tra-

pani et Caltanissetta ; ce serait une importante économie dans le budget des dépenses.

Le système judiciaire n'offre pas une apparence moins brillante ; il est établi dans l'ordre suivant :

1° Juges-conciliateurs ; 2° juges d'arrondissement ; 3° juges-instructeurs ; 4° tribunaux de commerce ; 5° tribunaux civils ; 6° grandes cours criminelles ; 7° grandes cours spéciales ; 8° grandes cours civiles ; 9° cour suprême de justice ; et 10° grande cour des comptes : *Sunt verba et voces et nihil amplius!*

Malgré ce pompeux étalage de tribunaux de tout rang, quelle justice peut-on attendre de magistrats amovibles ? Qu'on ne se fasse pas illusion sur cette nombreuse hiérarchie judiciaire ! La crainte et la misère siègent seules ici sur les bancs des magistrats. Il est bien aisé d'être honnête homme quand on est à l'abri du besoin, de même qu'il y a bien peu de mérite à se montrer juge intègre et loyal quand on ne craint pas la destitution ; mais celui qui, assis au tribunal de la justice, voit planer sur sa propre tête la plus jalouse surveillance ; celui qui ne rentre chez lui que pour entendre les demandes importunes de sa femme et de ses enfans, et qui, s'il ose jamais s'affranchir d'une honteuse dépendance, n'aura plus de pain à leur donner...... Celui-là est un être bien vertueux s'il ne vend pas sa conscience, s'il ne transige pas avec son honneur, et ce n'est pas en Sicile qu'on peut espérer d'en trouver un grand nombre ! Je ne m'étendrai pas davantage sur ce sujet ; j'en ai dit assez, je crois, pour appeler l'attention sur les conséquences qui doivent résulter de l'amovibilité des magistrats.

Campieri.

Il existe en Sicile une institution qui a pour but la sûreté des routes , dans l'intérêt des voyageurs. Des compagnies de gendarmes appelés *Campieri* sont chargées de ce service. Chacune des provinces de l'île a sa compagnie, dont le capitaine est civilement responsable des vols qui se commettent dans l'étendue de son arrondissement. On conçoit qu'il n'accepte cette responsabilité qu'à la faveur de très-forts appointemens. On lui laisse le soin de composer sa troupe, et il a ordinairement la précaution d'intéresser ses soldats dans sa propre responsabilité, de manière que si un vol est commis dans son arrondissement, chaque homme contribue, au prorata, à payer le montant du dommage, ou plutôt de l'indemnité. Mais cette responsabilité ne s'étend ni aux villes ni aux campagnes; elle est limitée aux routes (et par ce mot il faut bien entendre également ces espaces d'un terrain inculte sur lesquels les voyageurs passent ordinairement à pied ou à dos de mulet, pour se rendre d'une ville à l'autre). Or, il résulte de ce système que ces mêmes compagnies qui protègent le voyageur avec tant de zèle sont la terreur et le fléau des campagnes. Les vols abigeats ne sont nulle part plus nombreux qu'en Sicile, parce qu'ils y sont commis sous la protection de gens armés, souvent même par ces derniers directement.

Abigeats.

Le malheureux fermier à qui l'on a pris sa vache ou son cheval est obligé de laisser le soin de la ferme à des mains mercenaires, et de courir après le voleur pour le traduire ensuite (en supposant qu'il soit assez heureux pour le rejoindre) devant un tribunal, dont la résidence est souvent éloignée de plusieurs journées du lieu où s'est commis le vol, attendu que les juges sont répartis par arrondissement et non par communes. Ce dernier système aurait pourtant de grands avantages, en fournissant aux habitans des campagnes un moyen d'obtenir une justice prompte et peu coûteuse, la seule qui puisse leur convenir.

Pendant l'absence du plaignant, les travaux de la culture sont confiés à des individus qui, pressés de mettre à profit cette heureuse occasion, commettent, le plus souvent, un dégât infiniment supérieur au prix des animaux enlevés. Le fermier revient enfin, traînant après lui la vache qu'il est parvenu à se faire restituer, mais languissante, exténuée et hors d'état de servir, de long-temps, aux emplois auxquels elle est destinée. Cepenpendant il a fallu contracter des dettes pour subvenir aux frais du procès ; à peine arrivé, et pressé de satisfaire ses créanciers, le fermier coupe quelques pieds d'arbres, et les vend à vil prix ; car c'est là le motif qui fait qu'on voit si peu d'arbres de haute futaie en Sicile ; la misère oblige les habitans à les couper dans leur âge adulte.

Heureux encore le chef de la ferme, si, pendant son absence, les terres confiées à ses soins n'ont pas été livrées aux troupeaux d'un pâtre nomade, tel qu'on en rencontre fréquemment en Sicile ! Ces bergers voyageurs, semblables aux premiers habitans de la terre, vont errans dans les plaines pendant l'hiver, et se tiennent, en été, sur le flanc des montagnes. Dévastant tout ce qui se trouve sur leur passage, ils sont un des plus grands

fléaux de l'agriculture. La difficulté, souvent même l'impossibilité d'obtenir contre eux une justice prompte et
complète, portent les cultivateurs à la demander à leurs
propres mains. De là ces guerres de brigands qui portent
la terreur jusqu'au sein des communes, et ces assassinats
si fréquens dans les campagnes de Sicile : malheurs que
l'on préviendraient, en grande partie, en établissant
d'abord des juges communaux, au lieu de juges d'arron-
dissemens, et en étendant, en second lieu, aux campagnes l'institution et la responsabilité des campieri, sans
la limiter à des routes fréquentées par un petit nombre
de voyageurs.

Saisie des outils aratoires.

La loi permet ici de saisir les instrumens aratoires et
le mobilier de la ferme d'un agriculteur qui, souvent,
n'a pas reçu d'autre héritage de ses pères. En lui enlevant
ainsi, pour une somme misérable, l'unique moyen qu'il
avait d'acquitter sa dette, on en fait un mendiant de
plus pour les villes, ou un nouveau brigand pour les
campagnes.

Mode de perception des impôts directs.

Le mode de perception des contributions directes me
paraît offrir également de graves abus. Le gouvernement
nomme d'office un percepteur choisi parmi les plus riches propriétaires de la commune. Il met la force armée
à sa disposition, et le rend responsable de l'exactitude
des contribuables. Qu'en résulte-t-il ? que, sous peine de
voir tous ses biens confisqués, ce percepteur improvisé

doit accepter, bon gré mal gré, et faire saisir les bestiaux, la charrue et les meubles de ses voisins, de ses amis, de ses parens, pour les faire vendre au son de trompe. Il est inutile d'ajouter que bientôt dévoré d'ennuis, abreuvé de dégoûts, et quelquefois tourmenté de remords, il est contraint d'émigrer pour se soustraire à la vengeance aveugle de ceux qu'il a dû traiter avec tant de rigueur. Il emporte avec lui les ressources et l'industrie qui faisaient vivre une grande partie des habitans de sa commune. Ceux qui, chassés d'autres lieux par les mêmes motifs, viennent le remplacer, ignorant les usages et les circonstances de la localité, se dégoûtent bientôt, et ne font jamais oublier le premier émigré.

Meta.

L'absurde système des *meta*, ou tarifs sur les alimens, est généralement adopté en Sicile. Je n'entends nullement parler ici de ces tableaux régulateurs que, dans plusieurs pays, l'administration publie à de certains intervalles, pour fixer les limites des prix d'importation ou d'exportation de quelques objets de grande consommation, tels que les céréales. Je n'ignore pas qu'il est utile de veiller à ce que les grains ne renchérissent pas trop en temps de mauvaise récolte, malheur qu'on prévient en permettant l'importation des grains étrangers, et qu'il ne faut pas non plus les laisser tomber à des prix trop vils, ce qui serait funeste à la classe des ouvriers, dans les pays où le salaire de la main-d'œuvre se calcule sur la valeur du blé; mais j'appelle absurde ce système de *meta* qui gêne le commerce intérieur d'une nation. En Sicile, par exemple, chaque commune a son tarif du prix des grains et de celui de la viande de boucherie, et il arrive souvent que, de deux villes très-voisines, l'une est dans la disette tandis que l'autre laisse gâter de riches récoltes, de surabondantes provisions, auxquelles les craintes exagérées de l'administration l'empêchent d'ouvrir un facile débouché. Veut-on par là prévenir le monopole et déconcerter la cupidité des accapareurs? C'est entretenir le peuple dans les idées les plus fausses, et, quelquefois, les plus dangereuses; c'est lui donner des armes pour combattre un fantôme.

Mépris pour les agriculteurs.

Au nombre des causes qui ont amené la décadence de l'agriculture en Sicile, il faut encore compter le mépris dont ce premier des arts y est l'objet. Par quel étrange aveuglement les Siciliens qui, à toutes les époques, lui ont dû la grandeur et la prospérité de leur pays, s'obstinent-ils à regarder comme dégradante et vile cette profession que les plus grands peuples, comme les plus grands hommes, ont toujours honorée? Les Romains, auxquels ils aiment souvent à se comparer, avaient un mépris profond pour le commerce et les arts mécaniques; mais qui ne sait qu'ils considéraient l'agriculture comme digne du culte le plus pur? Les consuls romains quittaient la charrue pour aller s'asseoir sur les chaises curules, et plusieurs, en quittant leurs chaises curules, retournaient à la charrue. De célèbres poètes, tels que Virgile; de grands capitaines, tels que Varron; d'intègres magistrats, tels que Caton le censeur, employaient leurs loisirs à enseigner au peuple l'art de cultiver la terre. De toutes les divinités du paganisme, aucune n'eût plus de temples que Cérès. Il est vrai que les anciens avaient aussi un dieu du commerce, et c'était Mercure ; mais par un rapprochement, qui, de nos jours du moins, serait fort injuste, ce dieu était aussi le patron des voleurs.

Il serait facile de détruire ici ce fatal préjugé. La noblesse sicilienne conserve toujours, malgré l'abolition de ses droits féodaux, une grande influence sur l'esprit et les mœurs du peuple. Eh bien ! que les dépositaires du pouvoir soient les premiers à donner des exemples de respect et d'amour pour l'agriculture ; la noblesse, n'en doutez pas, l'imitera promptement ; qu'on encourage les efforts naissans des agriculteurs ; qu'on leur offre des récompenses publiques et solennelles ; que les plus distingués d'entre eux obtiennent des décorations, des charges même, et, dans peu, vous verrez l'opinion publique entièrement portée en faveur de l'agriculture. Mais loin de là, il semble qu'un fatal génie prenne à tâche de dénaturer les meilleures intentions ou d'inspirer les mesures les plus intempestives. Il en est de même du soldat, classe ordinairement alimentée par celle des cultivateurs. Un réglement insensé, qui subsistait encore il y a peu d'années, et dont j'ai vu, moi-même, plus d'une application, voulait que les jeunes conscrits fussent conduits, depuis le lieu où ils avaient été enrôlés jusqu'à celui où siégeait le quartier-général, sous l'escorte de la gendarmerie, et les mains liées à la manière des forçats. Le souverain actuel, François Ier, a senti que, depuis l'abolition de la conscription, il était trop odieux d'enchaîner, comme de vils bandits, des hommes dont l'enrôlement est volontaire, et l'infâme réglement a été abrogé. Ce nonobstant, la profession de soldat est toujours regardée en Sicile comme si malheureuse, que,

ne trouvant pas de termes de comparaison plus éner-
giques, les Siciliens disent souvent qu'il vaut *mieux
encore labourer la terre que d'être soldat !* Ab uno
disce omnes.

Système de culture.

J'ai eu l'occasion de dire déjà qu'à l'époque du rétablissement des relations de la Sicile avec le continent,
les habitans de cette île se trouvèrent fort arriérés quant
aux arts et à l'industrie. Depuis lors, l'agriculture n'a
cessé de faire, sur le continent, des progrès qui paraissent
plus grands encore lorsqu'on les compare à l'état actuel de cet art en Sicile.

Le premier vice que je crois devoir signaler est celui
de l'usage des jachères. On peut consulter à cet égard un
livre publié à Palerme, en 1826, par M. Nicolo Palmieri, sous le titre de *Saggio sulle cause ed i rimedj
delle angustie attuali dell' agricoltura.* Cet ingénieux
écrivain, plein de bonne foi et de courage, a démontré
jusqu'à l'évidence les pertes qui résultaient pour l'agriculteur sicilien du système des jachères. Ici, en effet,
on est dans l'usage de diviser les propriétés en trois parties, dont chacune alternativement est laissée en repos.
Avant d'aller plus loin, il est nécessaire, pour l'intelli-
gence de ce qui va suivre, de faire connaître que les
mesures agraires de la Sicile ont la même dénomination
que les mesures de capacité pour les matières sèches.
Cette concordance n'est point arbitraire; on a appelé
quartiglio un certain espace de terrain, dans lequel on
peut ensemencer un *quartiglio* de grains, et progressivement, on a donné le nom de *salme* à la superficie suffi-

sante pour recevoir en semence une salme de blé. La salme, mesure de capacité, équivaut à 2 hectolitres 75 litres, et la salme, mesure de superficie agraire, égale 84 ares 62 centiares.

Supposons maintenant une propriété de 300 salmes. 100 seront chaque année labourées, saturées d'engrais et laissées en repos ; mais la jachère (en italien *maggese*) ne saurait coûter, d'après les calculs plus approximatifs, et tout compris, moins de trois onces la salme, ce qui équivaut à 45 francs 50 centimes l'hectare ; et comme elle ne produit rien, l'agriculteur emploie annuellement en pure perte, un capital de 300 onces. Or, on compte environ 390,000 salmes livrées à la culture ; le tiers mis en jachère occasione donc annuellement à la Sicile une dépense de près de 400,000 onces (5,280,000 francs). Je ferai remarquer, en outre, que ces jachères ont, indépendamment de l'inconvénient que je viens de signaler, celui de rendre la terre moins propre à une grande production; et voici la preuve de cette assertion, qui paraît d'abord un paradoxe.

En Sicile les terrains sont friables ou argileux. Dans le premier cas, il est bien aisé de concevoir qu'un terrain friable, d'où l'on enlève toute espèce de végétation et jusqu'aux racines des herbes parasites, demeurant exposé sans défense à tous les feux d'un soleil ardent, se dessèche de plus en plus, et perd, en peu de mois, les esprits et les sucs nourriciers qu'il contenait. Dans le second cas, plus on remue le terrain argileux pour le mettre en jachères, et plus on l'endurcit, surtout si cette opération a lieu pendant la saison des pluies ; circonstance souvent inévitable, puisque les propriétés sont d'une telle étendue qu'il faut les labourer toute l'année. On sait, en effet, que c'est en pétrissant l'argile humectée qu'on lui donne la consistance nécessaire aux ouvrages de poterie.

C'est tomber, d'ailleurs, dans une erreur bien avérée de nos jours, que de croire que la terre a besoin de repos comme tout ce qui existe : elle est soumise aux lois du changement; il faut en varier la culture, et non l'abandonner : elle se dégoûte plutôt qu'elle ne s'épuise. En Angleterre et dans quelques départemens de la France, le système des assolemens est employé avec succès; on sait y faire alterner habilement la culture d'une plante à celle d'une autre plante. Le blé succède aux vieilles vignes; le sarrasin remplace le blé; les prairies artificielles rendent au sol la fraîcheur de la virginité, et l'heureux agriculteur recueille chaque année d'abondantes moissons, qu'il doit à son art plutôt qu'à ses sueurs. Les plantes ont la propriété d'attirer vers la surface du sol, à l'aide de leurs racines, les eaux contenues dans le sein de la terre, et d'aspirer, au moyen de leurs branches et de leur feuillage, les vapeurs aqueuses contenues dans l'air; aussi les pays boisés abondent-ils en eau; et ce serait se tromper étrangement que de supposer que le terrain doit être naturellement humide pour donner naissance à une belle végétation. La Provence, et surtout les environs de Marseille, sont peut-être la partie la plus aride et la plus desséchée de la France; et qui ne sait qu'autrefois ce pays était un des plus boisés des Gaules ? Les druides y célébraient leurs mystères dans des forêts sombres et immenses, là précisément où, de nos jours, l'œil fatigué n'aperçoit que des rocs nus et rougeâtres. Lucain parle du *nemus opacum* qui ombrageait Marseille; mais depuis que ces forêts sont tombées sous la hache ou

sont devenues la proie des flammes, la sécheresse désole
cette province, jadis si belle et si riche.

J'ai dit que les deux tiers des terres étaient seuls ensemencés, mais comment le sont-ils? Qu'on se représente
un soc informe et brisé, suspendu à deux énormes pieux,
que traînent avec effort un cheval boiteux et un âne dé-
bile, et on aura une idée embellie de ce que les Siciliens
appellent charrue. Derrière cet attelage, un ouvrier in-
habile et paresseux n'est là que pour asséner périodique-
ment d'affreux coups de bâton sur les flancs décharnés
de ces malheureuses bêtes. Aux heures les plus chaudes
de la journée, le laboureur s'arrête et va prendre deux
ou trois heures de repos, après lesquelles il retourne à
l'ouvrage. Il ne tarde pas à l'abandonner de nouveau
pour rentrer dans son village, souvent situé à quatre ou
cinq milles au loin.

Campagnes désertes.

C'est ici le lieu de signaler un autre abus qui m'a vi-
vement frappé : les campagnes sont désertes, et les
paysans demeurent entassés dans de grands villages plus
populeux, sans contredit, que plusieurs de nos chefs-
lieux de départemens. Il en résulte une grande perte de
temps et de forces pour les ouvriers, outre une foule
d'autres inconvéniens qu'il est aisé de concevoir. L'agriculteur qui vit au milieu de ses champs a constamment
l'œil sur eux ; il s'attache au sol par l'habitude, et ses
travaux se ressentent heureusement de sa présence continue ; mais on n'obtiendra jamais les mêmes résultats
en employant des ouvriers qui, chaque jour devront
faire plusieurs milles pour arriver sur les lieux où le tra-

vail les attend. Ils prendront bien en main le timon de la charrue, mais leurs yeux et leur pensée seront constamment tournés vers l'habitation lointaine où les attendent leur famille et leur souper. Sous ce rapport, les propriétaires sont les plus coupables. Retirés à Palerme ou à Catane, ils ne visitent que de loin à loin les champs qui leur appartiennent ; plusieurs même, et j'en pourrais nommer un assez grand nombre, n'ont jamais vu leurs terres, et cela se passe en Sicile, dans une île à peine grande comme une province de l'ancienne France ! Si, comme en d'autres pays plus heureux, les propriétaires étaient ici dans l'usage de passer une partie de l'année dans leurs propriétés rurales, il en résulterait de grands avantages. Les métayers, les ouvriers se fixeraient autour d'eux ; l'œil du maître dirigerait les travaux, préviendrait les vols ; les campagnes habitées seraient plus sûres, et les abigeats moins fréquens ; mais en Sicile rien ne compense le plaisir de se promener tous les soirs à *la Marine*, dans une calèche élégante, et d'aller ensuite au théâtre *pagare delle visite*.

Baux.

Les baux de courte durée sont encore un des fléaux de l'agriculture sicilienne ; les propriétaires se bercent de l'espoir chimérique de voir un jour les produits de la terre reprendre leur ancienne valeur, et ils refusent de se lier par des baux trop longs. C'est ordinairement pour six ans que s'afferment les propriétés ; mais ce laps de temps ne permet point au métayer d'entreprendre aucune amélioration ; il ferait en pure perte pour cela des travaux dont son successeur recueillerait les fruits. Il a tout au plus le temps de commettre beaucoup de dégâts pour tirer de son engagement le plus grand profit possible. Que lui importe la conservation d'un arbre dont il va cesser de récolter les fruits ?

Il est vrai que l'usage s'est conservé en Sicile de faire quelques concessions à cens ; mais ce système lui-même offre de grands inconvéniens par la dépréciation des métaux. Ceux, en effet, dont les ancêtres ont fait des concessions de cette nature, il y a plusieurs siècles, pour une somme qui était alors assez considérable, reçoivent aujourd'hui fort peu de chose. La difficulté ne serait pas éludée au moyen du système proposé par Smith qui voulait qu'on stipulât des rentes en blé, car le blé lui-même est sujet à la détérioration, au déchet, à la dépréciation. Je pense donc que des baux de 20 à 25 ans procureraient à l'agriculture d'immenses avantages ; mais on ne peut se dissimuler qu'il est difficile de persuader, à cet égard, les Siciliens, dont le caractère et les mœurs ne comportent pas des spéculations qui reposent sur l'avenir. Vivant au jour le jour, ils ne pensent point au lendemain, et le moment actuel est pour eux la vie éternelle. Aussi un Sicilien ne s'informe-t-il jamais des revenus annuels de ses voisins, mais il lui arrivera fréquemment de demander ce qu'ils ont à dépenser par jour. Ce sont des idées et des mœurs que l'on ne pourrait changer qu'en combattant l'éducation populaire.

Ignorance des agriculteurs siciliens.

Les agriculteurs siciliens paraissent ignorer jusqu'aux premiers élémens de leur art, et les perfectionnemens adoptés en Europe depuis plusieurs années leur pa-

raissent, quand on leur en parle, des récits fabuleux.
Ici, par exemple, on trouve dans les campagnes de hautes
piles d'engrais, des pyramides d'immondices exposées de
tous côtés à l'influence du soleil, des vents et de la pluie,
comme s'il n'était pas évident que, de cette manière,
toute leur force nutritive doit être absorbée ! Tandis que
dans les pays où l'agriculture est plus perfectionnée, on
est dans l'usage de creuser de grandes fosses où l'on jette
ces engrais, que l'on recouvre ensuite avec de la paille
et de la chaux. Ils acquièrent et conservent ainsi une
grande force de fermentation, et suffisent en moindre
quantité pour un plus grand espace de terrain.

Aucun des outils aratoires, nouveaux ou perfection-
nés, dont on se sert maintenant sur le continent, n'est
connu en Sicile, et on ne peut s'empêcher de sourire
d'abord et de gémir ensuite, en voyant cette charrue
dont j'ai déjà parlé, et ces grossiers instrumens que l'on
dirait avoir été transmis aux agriculteurs siciliens par
les contemporains de Tubalcain.

Il est superflu d'ajouter qu'on n'a pas même ici l'idée
de ce que peut être une ferme modèle, et nulle part, cependant, les établissemens de ce genre ne seraient plus
nécessaires. Les Siciliens sont de bons imitateurs ; adroits
et intelligens, ils auraient bientôt compris l'utilité des
bons procédés, quand au lieu de vagues raisonnemens
on en aurait mis la pratique sous leurs yeux.

Rastorizia.

On ne conçoit pas, en voyant les animaux de gros et
de petit bétail que possède la Sicile, que les troupeaux de
cette île aient jamais pu avoir cette renommée qui leur a

valu l'honneur d'être chantés par les poètes de l'antiquité. Je me réserve d'en parler plus au long dans la
seconde partie de cet ouvrage : je ferai seulement observer ici que l'agriculture ne saurait tirer aucun profit
de ces troupeaux de quatre à cinq mille individus exposés toute l'année aux intempéries de l'air et sans nourriture assurée. Ces tristes caravanes descendent de leurs
montagnes quand l'hiver est venu , et vont errer sur les
bords de la mer , où elles ne trouvent souvent d'autre
herbe à brouter que la fade *disa* (*arundo ampelodesmos.*)
Dans la plaine de Catane , il est vrai, les pâtres forment
des sortes d'étables informes, avec du chaume et quelques bâtons , et y rassemblent leurs troupeaux pendant
la nuit ; mais partout ailleurs la couverture des cieux est
leur unique abri. Ce défaut de soins, la rareté et la mauvaise qualité des alimens rendent les animaux si débiles
et si maigres, qu'un hiver rigoureux les décime ordinairement sans que les propriétaires en paraissent sur-
pris : ils ne conçoivent pas qu'il puisse en être autre-
ment.

Tandis qu'en Angleterre une brebis fournit trois à
quatre kilogrammes de laine, en Sicile elle en donne à
peine deux tiers de kilogramme ; et cependant, les Anglais sont dans l'usage de laver les laines sur le dos
même de l'animal, ce qui donne toujours un grand déchet. Dans le premier de ces pays, une vache donne
annuellement un veau et à peu près 80 kilogrammes de
fromage ; dans le second, elle ne fournit que 30 kilogrammes de fromage par an , et un veau tous les deux
ans. Une brebis rend à l'agriculteur anglais, année
commune, un profit net de 12 fr. ; l'agriculteur sicilien
en retire à peine 4. Une vache procure au premier un

bénéfice annuel de 120 fr. ; au second, celui de 40 fr.

Les gardiens de ces troupeaux sont si malheureux et si abrutis, qu'on serait tenté de les prendre d'abord pour des êtres intermédiaires entre l'homme et la brute. Leur existence de toute l'année est de passer les journées entières étendus au soleil, la face contre terre ; de temps en temps ils lèvent la tête et font répéter aux échos un cri aigu qui sert à rassembler le troupeau. N'ayant pour s'exprimer que le langage le plus grossier et le plus incomplet, ils conversent le plus souvent entre eux à l'aide de la pantomime. Les crimes les plus honteux leur sont familiers, et la passion qu'ils conçoivent quelquefois pour les animaux confiés à leurs soins justifie suffisamment l'origine de la fable des satyres. Le soir on leur distribue le pain et l'huile, auxquels ils joignent les fruits qui croissent spontanément, tels que les figues d'Inde et les carroubes, et quelques racines.

Manufactures.

C'est pourtant sous l'empire d'une situation aussi déplorable qu'on paraît songer sérieusement à faire de la Sicile un pays manufacturier. L'Angleterre et la France, disent ici les chefs du pouvoir, ont de nombreuses manufactures et de grandes richesses : ayons aussi des manufactures, et nous deviendrons également une nation riche et florissante. Étrange raisonnement ! il fallait dire : La France et l'Angleterre ont des manufactures parce qu'elles sont assez riches pour en avoir ; efforçons-nous de le devenir aussi, et nous aurons des manufactures ; car ces établissemens sont la *conséquence* des richesses d'un peuple industrieux, et n'en sont pas la *cause*. Leur création suppose déjà l'existence de grands capitaux , et c'est là précisément ce qui manque à la Sicile. Chez nous, en effet, il est peu de manufactures dont l'établissement n'ait exigé une mise de fonds de 4, 5, 600,000 fr., et plus souvent d'un ou de plusieurs millions ; mais comme on y trouve à faire des emprunts à 2 ½ ou 3 p. %, le manufacturier, qui retire de l'emploi de ses fonds 6 ½ à 7 p. %, c'est-à-dire un bénéfice net de 3 à 4 p. %, s'estime heureux. Or, en Sicile, l'intérêt de l'argent est de 12 à 15 p. %, et comment espérer que des manufactures naissantes, mal servies et mal dirigées, donneront un bénéfice qui couvrira cette énorme dépense, quand celles de France et d'Angleterre rendent à peine la moitié de cet intérêt ? De semblables raisonnemens n'ont pas besoin de grands développemens. Je me hâte de quitter ce sujet : il m'est plus agréable, après avoir tant blâmé, de pouvoir maintenant donner quelques éloges.

Jardinage.

La culture du jardinage, dans les environs de la capitale, est digne d'être proposée pour modèle. Qu'on se figure un terrain disposé en prismes triangulaires , sur le sommet desquels est une petite rigole ; les légumes sont implantés sur les deux faces latérales du prisme, et la couche inclinée sur laquelle ils s'élèvent contribue parfaitement à les abriter et à faciliter l'irrigation. Cette dernière opération se fait de la manière suivante : les eaux souterraines étant très-abondantes, chaque propriétaire en achète un volume proportionné à ses besoins, et fait élever, dans sa propriété, une espèce d'obélisque de la hauteur de 20 à 30 pieds, appelé *giarra*, dans lequel l'eau monte et acquiert, en retombant, une nouvelle force d'impulsion. Chacun ouvre sa *giarra* pendant une demi-heure ou trois quarts d'heure, après le coucher du soleil, et l'eau serpente en peu de temps sur toutes les rigoles des prismes, ceux-ci étant tous en communication les uns avec les autres. Si je me suis exprimé assez clairement, je n'ai pas besoin de commentaire pour faire sentir le mérite de ce procédé, que les Siciliens doivent, d'ailleurs, aux Sarrasins.

Après ce qu'on vient de lire, et l'appel que je fais hautement à tout agriculteur sicilien de me démentir s'il le peut, croirait-on qu'il se trouve ici des gens assez peu amis de leur pays, assez adulateurs, ou assez aveuglés pour oser, non-seulement nier la détresse de la Sicile, mais encore affirmer qu'elle prospère de plus en plus ? Les raisons alléguées par eux ne méritent nullement d'être examinées, à une seule exception près, toutefois, et c'est celle qui concerne l'accroissement de la population. Je vais les suivre sur ce terrain.

Population.

Les calculs les plus approximatifs et les plus raisonnables portent la population actuelle de la Sicile à 1,600,000 habitans ; et pour le dire en passant, il faut se méfier particulièrement des renseignemens que fournissent les Siciliens eux-mêmes sur cet objet et sur quelques autres qui concernent leur beau pays. Peu éclairés, mais pleins d'esprit et de finesse, les Siciliens sont infatués des brillantes qualités que la nature leur a réparties. L'éducation ne corrige pas chez eux l'excès de leur orgueil, et j'ai cru remarquer que c'est principalement à cette circonstance qu'il faut attribuer la mauvaise opinion que manifestent sur leur compte la plupart des étrangers, et surtout les Italiens , dans leurs écrits et leurs paroles. Cette présomption , qu'il ne faudrait pas prendre pour de l'amour-propre, se montre même dans les circonstances où il n'est pas question des individus. Interrogez un Messinais ou un Palermitain sur la population de sa ville natale ; le premier ne manquera pas de vous répondre qu'elle s'élève de 100 à 120,000 ames , et le second de 160 à 200,000 ; rapports évidemment exagérés. Et que sera-ce si vous entretenez un Sicilien, quel qu'il soit, de l'antiquité et de la célébrité de son pays ! Les héros d'Homère ne sont que les chétifs rejetons de ces premiers hommes, sortis de la main du Créateur, de ces demi-dieux, de ces redoutables géans qui vinrent habiter la Sicile et y bâtir des villes à une époque presque contemporaine de la création du monde. L'homme est, sans contredit, porté en tout pays à exagérer les circonstances qui flattent son orgueil national ; mais en Sicile, ce défaut est porté à l'excès. Si jamais cet écrit acquiert quelque publicité, j'aime à croire que les Siciliens ne me sauront pas mauvais gré de ma franchise : un long séjour dans leur pays m'a mis dans le cas d'y contracter des relations d'amitié dont je conserverai toujours un doux souvenir, et ce serait bien mal interpréter les sentimens d'intérêt que j'ai voués à leur pays que de voir dans mon langage autre chose que la sincérité d'un ami.

Revenant à ce qui concerne la population de l'île, je dois convenir que depuis quelques années elle a acquis un certain accroissement ; mais on se tromperait étrangement si on voulait en conclure qu'il y a prospérité ; attendu, s'il faut en croire Montesquieu et d'autres éco-

nomistes, que c'est à ce signe qu'on reconnaît principalement le bien-être d'une nation. Ici, cet accroissement
est dû à d'autres circonstances que je vais indiquer rapidement, et qui, ainsi qu'on le verra, ne sont nullement
incompatibles avec la détresse du pays. Je rentre ainsi
dans l'opinion de Malthus, qui a dit : « Il peut arriver
» que la disette et la misère accompagnent ou n'accom-
» pagnent pas l'accroissement de la population : cela dé-
» pend de certaines circonstances, etc. » (*Essai sur la
Population*, liv. III, ch. v.)

On sait que la population de la Sicile était ancienne-
ment fort supérieure à ce qu'elle est de nos jours. On
conçoit, toutefois, qu'au fur et à mesure que les pays
circonvoisins ont vu s'accroître leur force d'industrie et
leur population, le nombre des habitans de la Sicile a dû
diminuer prodigieusement, puisque cette île cessait
d'avoir un commerce assez étendu et une importance
assez grande pour pouvoir conserver des villes aussi
peuplées que Syracuse, Agrigente, Sélinonte et autres,
qui n'avaient pas moins, la première d'un million, la
seconde de 600,000, et la troisième de 400,000 habitans. La population de l'île prit donc, relativement à son
importance, un juste niveau qu'elle conserva long-temps,
et qui ne commença à s'abaisser que sous la domination
des Arragonais, de funeste mémoire. Ce fut vers la fin
du quatorzième siècle, et précisément à cette époque, où
Guillaume Raimond de Moncade, gouverneur de la ville
d'Agosta, enleva la reine Marie, fille de Frédéric d'Ara-
gon, et emmena cette princesse à Barcelonne, que l'a-
narchie fut portée à son comble. Les seigneurs usaient
alors sans ménagement de leurs droits féodaux, et chacun
d'entre eux voulait être roi sur ses terres. Les Sarrasins,

instruits de ce qui se passait en Sicile, saisissaient ces instans pour renouveler leurs incursions; plus d'une fois la famine et la peste signalèrent la présence de ces étrangers, et l'émigration vint enfin se joindre à ces causes de dépopulation.

« *Se togli i grandi tempi di quel principe (Federico)*, » *sotto i re di Aragona, non si vedono che scismi e fa-* » *zioni note dall' anarchia e dall' ambizione dei grandi* » *e sovrani indeboliti , e l'isola afflitta dai suoi nemici e* » *costernata dagl' interdetti dei papi*, etc.... » (Rosario di Gregorio.)

La population cessa de décroître toutefois sous Alphonse-le-Magnanime: ce prince, accordant une protection éclairée aux arts, à l'agriculture et au commerce, fit luire encore quelques beaux jours sur la Sicile. Un recensement, fait sous le dernier roi de cette dynastie, Ferdinand-le-Catholique, porta la population de l'île à environ 600,000 habitans; mais en 1615, sous le règne d'un prince de la dynastie autrichienne, Philippe III, dit le Juste, le vice-roi, duc d'Ossuna, ordonna un nouveau recensement, dont le résultat donna 1,107,234 habitans; en 1714, sous le règne de Victor Amédée, duc de Savoie, on compta 1,125,163 habitans; en 1757, 1,307,270. Cet accroissement, qui n'était que le résultat nécessaire de la cessation d'une partie des maux qui avaient pesé sur la Sicile pendant que les Aragonais y dominaient, continua sous la domination paternelle et éclairée de Charles III. Enfin, le recensement de 1817 a donné pour chiffre 1,648,955.

Revenons un instant sur nos pas. La révolution française éclata, et depuis le commencement du dix-neuvième siècle, la Sicile se vit séparée du reste de l'Europe,

et occupée militairement par les Anglais. La population
de l'île fut alors momentanément accrue par la présence
de ces étrangers ; mais sa partie permanente dut considérablement diminuer : 1º parce qu'un grand nombre
de Siciliens prirent du service dans l'armée, et on sait
que la noble profession des armes permet rarement le
mariage à ceux qui s'y consacrent ; 2º parce que l'incer-
titude de l'avenir, la mésintelligence qui régnait entre
les Siciliens et leurs hôtes, la présence importune de ces
étrangers, la cessation des relations de commerce, tout
contribua alors à relâcher les liens sociaux et à éloigner
les circonstances générales qui amènent toujours un accroissement de population ; 3º enfin, parce que les
événemens politiques obligèrent plusieurs familles à
émigrer.

Au retour de la paix, toutes ces causes de destruction
disparurent. Libérés du service militaire, une foule de
jeunes Siciliens, dans la force de l'âge et des passions,
rentrèrent au sein de leurs familles, et ne tardèrent pas
à s'en créer de nouvelles à eux-mêmes. Les rapports
qu'un assez grand nombre d'Anglais et surtout de Napolitains avaient contractés en Sicile, les ramenèrent bientôt
en cette île, où ils se fixèrent pour toujours. Une législation philantrope, empruntée des Français, et de sages
réglemens dus à Ferdinand Ier, commencèrent à mor-
celer les grandes propriétés et à diminuer le nombre pro-
digieux des biens communaux ; l'introduction de la
vaccine, fort répandue maintenant parmi les Siciliens,
vint arracher à la mort ceux que, sans elle, la petite-
vérole aurait moissonnés ; l'enfance, qui, grâce aux progrès des lumières, est généralement aujourd'hui libérée
des précautions cruelles dont on l'accablait jadis, est

également devenue en cette île l'objet de soins mieux entendus.

A ces considérations générales, je puis en ajouter de particulières, telles que l'extrême fécondité des femmes siciliennes : la douceur du climat, l'abondance des poissons sur tout le littoral (on sait que cette nourriture est la plus prolifique); la facilité de se procurer des alimens à peu de frais ; la réduction enfin des richesses du clergé régulier, ce qui a sensiblement contribué à faire décroître le nombre des personnes qui se vouaient au célibat et à la réclusion.

Telles sont les véritables, telles sont les seules causes qui ont produit ici un accroissement de population. Mais qu'on ne se fasse pas illusion : il n'y a rien, dans cette circonstance, qui ne soit compatible avec l'état de détresse dans lequel la Sicile se trouve plongée.

Signes de la détresse publique.

Et quel est l'homme de bonne foi, quel est le patriote éclairé, quel est le voyageur philosophe qui pourrait se refuser à en reconnaître partout les preuves les plus manifestes ? Dans les grandes villes, on ne voit non-seulement s'élever aucune construction nouvelle, mais à chaque pas, au contraire, on découvre des édifices commencés, et dont l'achèvement est ajourné indéfiniment; d'autres, et ce sont les plus nombreux, bâtis et habités depuis longues années, commencent à tomber en ruines, sans qu'aucune main se présente pour en arrêter la chute. Dans les campagnes, des troupes hideuses de mendians, entièrement nus, quels que soient leur âge et leur sexe, poursuivent les voyageurs avec acharnement, et ne les quittent qu'après en avoir obtenu quelques pièces de monnaie, soit par la persévérance de leurs prières, soit par l'insolence de leurs menaces; partout, enfin, des champs sans culture et des troupeaux chétifs et languissans : sont-ce là des images de prospérité ou des signes de misère ?

Mais il est temps de terminer cette première partie de mon ouvrage : je pourrais y faire figurer encore d'autres considérations qui ne seraient pas dépourvues de quelque intérêt, si je ne pensais en avoir assez présenté pour amener la conviction dans l'esprit des personnes auxquelles ce travail est destiné.

Claudite jàm rivos, pueri, sat prata biberunt.

Je n'ai point cherché à rembrunir les couleurs de ce tableau ; loin de là, j'ai ménagé les épisodes les plus honteux du sujet que j'ai traité, et je ne crains pas qu'on trouve dans mes paroles autre chose que la vérité et le désir d'être utile.

Seconde Partie.

Plus d'une fois, en travaillant à recueillir les matériaux de cet ouvrage, j'ai pris la résolution d'y renoncer, découragé par la difficulté que j'éprouvais à rassembler des notes suffisamment exactes; ou par l'impossibilité évidente d'arriver à des résultats rigoureusement vrais.

On ne croirait jamais, sans l'avoir vu, jusqu'à quel point l'administration sicilienne s'efforce de tenir dans l'ombre et le silence tout ce qui concerne ce malheureux pays. La lumière est sous le boisseau, personne n'ose l'en retirer. Les chefs eux-mêmes ignorent les élémens qui constituent la branche du service confié à leurs soins, et ne font rien pour en avoir la connaissance. Que dis-je? ils craignent de voir la vérité, et ont grand soin d'en détourner leurs regards quand on la leur présente.

Plusieurs années de séjour en Sicile; des relations d'amitié avec quelques-unes des personnes les mieux informées; une grande quantité de notes et de mémoires, souvent corrigés et refondus; la lecture enfin de tout ce qui a été publié sur le sujet qui m'occupe, m'ont à peine suffi pour arriver aux résultats que je donnerai à la suite des détails dans lesquels je vais entrer. Non-seulement il n'existe pas de statistique sicilienne, mais on chercherait vainement à en dresser une sans la coopération du gouvernement de Naples ; les chefs subalternes seraient d'ailleurs peu utiles : je pourrais nommer l'intendant d'une province sicilienne qui s'en rapporte à son valet de chambre, né Français, pour la rédaction de sa correspondance !!! Aussi n'est-ce jamais sans éprouver un vif sentiment de dégoût que je vois cette foule d'ouvrages de tous genres que publient journellement sur la Sicile de présomptueux voyageurs qui traversent rapidement cette île, en voyant à peine le littoral, et retournant un mois après dans leur pays, riches, disent-ils, de nombreux et authentiques documens qu'ils doivent à l'amitié du duc de N^{***} et à l'obligeance du savant abbé $X.....$ *risum teneatis*.

Je ne saurais donc protester trop hautement que l'absence de toute publication officielle, le défaut de statistique, la négligence des administrateurs et l'insouciance des administrés ne permettent pas d'arriver à un résultat rigoureusement exact. Toutefois, les détails qui suivent se rapprochent de la vérité, j'ose m'en flatter, et, quoi qu'il en soit, ils sont au moins le fruit d'une recherche longue et consciencieuse.

CHAPITRE PREMIER.

—

RICHESSES AGRICOLES DE LA SICILE.

La Sicile, placée entre les 36° 41′ 15″ et 38° 16′ 0″
de latitude, jouissant de tous les avantages naturels que
les propriétaires peuvent désirer, tels que des vallées fer-
tiles, des montagnes accessibles, un climat tempéré, un
ciel pur, de nombreuses sources d'eau; la Sicile, dis-je,
est sans contredit un des points du globe les plus riche-
ment dotés par la nature. Les eaux qui l'environnent
abondent en poissons exquis et recherchés; le thon, le
poisson à épée, la sardine et l'anchois s'y trouvent
même en telle quantité que les Siciliens en font de
grandes exportations. Le corail et de précieuses coquilles
se trouvent sur une partie de son littoral. La terre, plus
favorisée encore, possède toutes les espèces d'animaux
domestiques de l'Europe; elle renferme dans son sein des
mines d'argent, de fer, de cuivre, de soufre et de sel
gemme; les marbres coquillés et veinés, le porphyre, le
granit, le jaspe et l'agate y forment de longues chaînes
de montagnes. Mais c'est surtout le règne végétal qui pro-
digue ici tous ses trésors. Les plantes les plus précieuses
y croissent à l'envi, et, parmi elles, les céréales de tout
genre tiennent le premier rang; la canne à sucre et le

cotonnier y peuvent prospérer autant que sur leur sol natal; le mûrier y donne une double récolte; de nombreux bosquets d'orangers et de citronniers, qui répandent dans l'air le parfum le plus suave, y naissent presque sans culture; le frêne, d'où découle la manne; la vigne et l'olivier; la réglisse et le figuier; le palmier et l'ananas; le pistachier et le caroubier; le figuier d'Inde et l'aloës; le sumac, la soude et le tabac, fournissent abondamment de quoi satisfaire aux besoins ou aux sensualités de l'homme. Quelle source féconde de richesses! Et si l'on s'imaginait que, parmi les plantes que je viens de nommer, il en est un grand nombre que l'on ne rencontre que dans les jardins de quelque botanophile, les détails qui suivent détruiraient cette opinion.

ARTICLE Ier.

Céréales, Légumes, etc.

On ne cesse de répéter que les progrès de l'agriculture, dans les pays dont la Mer-Noire borde le littoral, et l'extension qu'a prise depuis quelques années le commerce des grains du Levant, sont les véritables causes qui ont fait baisser leur prix en Europe et ont arrêté particulièrement l'exportation qu'en faisait la Sicile : c'est une erreur qu'il est facile de réfuter. La valeur des grains n'est point diminuée; elle a subi, au contraire, la conséquence de la dépréciation du numéraire. Ainsi avant la découverte de l'Amérique la salme de blé coûtait 7 à 8 taris; à la fin du seizième siècle elle en valait déjà 18 à 20. Depuis cette époque on l'a vu s'élever à un prix quinze à vingt fois plus forts, par l'effet de circonstances extraordinaires et momentanées ; et aujourd'hui que ces circonstances n'existent plus, cette denrée a repris sa valeur régulière : la salme de blé, en effet, se paie quatre fois plus cher que dans le seizième siècle, par exemple ; mais le marc d'argent coûte également quatre fois plus qu'il ne valait alors ; ce qui prouve que le prix du blé n'a point baissé, qu'il a, au contraire, conservé cette propriété que la plupart des économistes lui reconnaissent, celle d'être constamment en rapport avec la valeur du numéraire. La découverte de l'Amérique a prodigieusement augmenté la quantité des métaux précieux ; et, par une conséquence naturelle, le prix des denrées a dès lors également augmenté dans la même proportion. Cependant, depuis quelques années, les mines du Nouveau-Monde ne fournissent plus une égale quantité de métaux, soit parce que plusieurs ont été épuisées, soit parce que les révolutions et les guerres avec la métropole ont interrompu le cours des travaux ; et comme les besoins de notre industrie et les demandes de nos manufactures, où l'on emploie l'or et l'argent, sont toujours les mêmes, il s'ensuit que ces métaux commencent à devenir plus rares et les denrées moins chères, ou, en d'autres termes, qu'on donne une moins grande quantité d'or ou d'argent pour une même quantité de denrées.

Le commerce de grains de la Mer-Noire est d'ailleurs beaucoup plus ancien qu'on ne le croit généralement. Les Génois s'y livraient avec ardeur et succès dans les douzième, treizième et quatorzième siècle, et, depuis cette époque, les nations commerçantes en ont constamment fait venir dans les années de disette. Ce n'est donc point dans la concurrence des grains du Levant qu'il faut chercher la véritable cause du discrédit dans lequel sont tombés ceux de la Sicile, puisque cette concurrence n'a rien de nouveau, et qu'elle existait déjà, même sous le règne de Charles-Quint, lorsque l'île exportait annuellement 270,000 salmes de blé, ainsi qu'on peut le voir dans le recueil intitulé : *Pragmatica regia Siciliæ....* etc., pragm. 2e ; et puisque enfin la même défaveur a frappé également les autres produits de la Sicile.

Une tradition dont l'origine se perd dans la nuit des temps fait dire aux Siciliens que le blé croît spontanément dans leur pays. La fable de Cérès enseignant aux habitans de cette île l'art de cultiver la plus précieuse des graminées est assez connue ; les plus anciennes médailles siciliennes portent pour emblême un épi de blé ; enfin plusieurs historiens nationaux et étrangers ont répété cette même assertion. Cependant aucun naturaliste digne de foi n'a, jusqu'ici, trouvé le blé sauvage : Cupani, Boccone, Uria, ni le baron Bivona n'en font nulle mention, et le directeur actuel du Jardin botanique de Palerme, à qui j'en ai parlé, m'a assuré qu'il avait maintes fois parcouru l'île dans tous les sens, sans avoir jamais rencontré la plante dont il est ici question.

Les blés siciliens sont de deux qualités, *durs* ou *tendres*. On les subdivise en cinq espèces, savoir :

1o Blés de *Termini*, dont les plus estimés sont ceux dits *roccelle* tendres. Ils sont supérieurs à tous ceux du royaume de Naples ;

2o Blés de Terranova ;

3o — de Girgenti et Licata ;

4o — de Sciacca ;

5o — de Catane.

Ceux auxquels on donne le nom de *castiglioni* et *pal-*

mintella se récoltent dans les montagnes qui environnent Palerme ; ils sont d'une qualité supérieure aux précédens, et se consomment dans cette capitale.

On sème annuellement 250,000 salmes de blé, environ, et lorsque la récolte donne 6 pour 1 elle suffit à la consommation du pays ; les exportations ne sont possibles, en conséquence, que lorsque le produit donne plus de six ; mais, depuis bien des années, la Sicile a cessé de verser l'excédant de ses grains à l'étranger ; elle est souvent même dans la nécessité d'acheter des farines, et il n'est pas rare d'en voir venir ici, même d'Amérique.

Orge. — L'orge se cultive à Termini, Scoglietti, Girgenti, Falconara, Mascali Licata, Catane, Terranova, etc. Les expéditions annuelles que l'on dirige principalement sur Naples, Gênes et Livourne, s'élèvent à 25,000 salmes au prix moyen d'une once et quinze taris la salme.

Maïs. — Le maïs est peu cultivé en Sicile, bien que le peuple le recherche avec avidité. Il ne s'en fait aucune exportation.

Les *graines-longues* et *millets* fournissent une exportation annuelle d'environ un millier de salmes, au prix de 20 à 25 taris.

Le riz, dont les Siciliens font une grande consommation, est d'une qualité très-inférieure à celle du riz piémontais. Il ne s'en fait aucune expédition.

Les fèves, haricots, pois chiches, lentilles et lupins, forment une branche importante du commerce d'exportation de la Sicile ; je me bornerai à en donner le détail à la fin de cet écrit.

ARTICLE II.

Canne à sucre.

Cette précieuse graminée est, à ce que l'on suppose, originaire d'Asie. Il ne paraît pas que les anciens en aient connu l'usage, car il n'est question que du miel, et jamais du sucre, dans les saintes Écritures, les poètes anciens et les historiens profanes. C'est en vain qu'on fouillerait dans les annales des peuples les plus anciens pour en trouver quelque trace.

Les premiers habitans de la terre se formaient des cabanes avec des joncs et des roseaux ; la canne à sucre, qu'ils auront arrachée également pour cet usage, a dû appeler leur attention par sa tendreté, la nature et l'abondance de sa moelle. Ils l'auront probablement soumise à l'inspection de tous leurs sens, et celui du goût leur aura fait reconnaître en cette plante un aliment agréable. Mais combien il y a loin de cette première découverte à l'extraction du sel essentiel qui n'est dû qu'au perfectionnement de la chimie ! Aussi voyons-nous que les premiers peuples chez lesquels il est question de cette plante se bornaient à la mâcher. Les Égyptiens, qui avaient des médecins pour chaque genre de maladie, en avaient pour les maux de dents, et cette dernière incommodité était surtout occasionée par le trop fréquent usage qu'ils faisaient de la canne à sucre, qu'ils ne savaient que broyer sous leurs dents. D'après l'interprétation donnée à quelques passages obscurs de plusieurs auteurs anciens, et entre autres de Théophraste et de Pline, on a cru que les Indiens connaissaient le sucre ; mais cette crreur a été victorieusement réfutée par Pison, Leclerk, et, de nos jours, par M. Vaccari, que j'ai déjà cité. Ils ont démontré que cette méprise avait sa source dans l'analogie du mot *sacar,* dont les Indiens se servent encore maintenant pour désigner une humeur âcre et astringente qui découle du *mambou* ou *bambou.*

Enfin les Arabes, les premiers inventeurs de la chimie, trouvèrent, à une époque incertaine, l'art d'extraire et de cristalliser le sel essentiel de la canne à sucre, et lorsque leurs compositions chimiques, sirops, électuaires et autres se répandirent en Europe, vers le septième siècle, on commença à y voir figurer le mot de *sacar,* dégénéré depuis en celui de *zucar.* Ils furent les premiers qui, ayant conquis la Sicile dans les huitième et neuvième siècle, y apportèrent la canne à sucre : on ne saurait douter de ce fait, puisque des écrits authentiques, tels que des diplômes et des codes attestent qu'à l'époque où les Normands chassèrent les Sarrasins de la Sicile, ce qui eut lieu dans le onzième siècle, ils y trouvèrent des plantations de cette graminée. Le comte Roger établit un droit de douane sur cette denrée. Ainsi se trouve réfutée l'erreur de plusieurs écrivains français et anglais, et entre autres des auteurs du *Nouveau Dictionnaire d'Histoire naturelle appliquée aux arts,* etc., qui ont pensé que la canne à sucre fut transportée en Arabie à la fin du treizième siècle et dans le seizième siècle en Sicile.

On ne peut douter, après avoir compulsé les archives historiques de la Sicile, que le sucre ne formât, après le blé, la plus importante branche d'exportation. C'est dans ce pays que le prince Henri, régent de Portugal, fit acheter des cannes, en 1420, pour les transplanter dans l'île de Madère, découverte depuis peu, et c'est de cette dernière île que cette plante passa plus tard à Saint-Thomas et dans les autres colonies américaines.

Cependant l'art de faire le sucre, après avoir prospéré pendant des siècles à Saint-Domingue, y était tombé en décadence : Louis XIV voulut lui donner une nouvelle impulsion, et Colbert le servit au-delà de ses espérances. En peu d'années les sucres d'Amérique eurent acquis une supériorité si prononcée sur ceux d'Europe que les Siciliens, employant encore l'ancienne et défectueuse méthode qui leur avait été transmise par les Sarrasins, au lieu de chercher, de leur côté, à la perfectionner, se découragèrent entièrement et crurent devoir abandonner cette importante branche de leur commerce. Ce résultat est aussi honteux que déplorable. La canne à sucre n'est plus cultivée en Sicile ; seulement quelques propriétaires de la côte du sud en conservent une petite quantité, comme plante d'agrément, et font à leurs amis des cadeaux du sucre et du rhum qu'ils en extraient.

Quels immenses avantages la Sicile ne retirerait-elle pas de nouveau de cette branche d'industrie, si elle savait la faire revivre ! En appliquant à la culture de cette graminée une méthode moins informe et moins dispendieuse que celle qu'ils ont abandonnée ; en adoptant tous les perfectionnemens que les insulaires de l'Amérique ont apportés à la confection du sucre, les Siciliens rendraient les nations de l'Europe tributaires de leur industrie. Le voisinage de leur île offrirait des avantages que les consommateurs ne sauraient dédaigner, alors même qu'il y aurait quelque infériorité dans la qualité des sucres de la Sicile, circonstance que je n'admets ici que par hypothèse et dont je crois pouvoir dire, après avoir lu l'ouvrage de M. Vaccari, qu'elle ne se vérifierait pas.

Enfin le rhum, produit de la canne à sucre, fournirait à la Sicile une nouvelle source de richesses, quoiqu'il ne paraisse pas que cette liqueur y ait été un objet de commerce lorsque la canne à sucre y était le plus cultivée.

ARTICLE III.

Miel, Cire.

La Sicile, ainsi que nous l'apprennent Strabon et Varron, était renommée pour l'excellente qualité de son miel, que l'on récoltait sur le mont Hybla.

Les monts Hybléens tirent leur nom d'une ancienne ville dite *Megara Iblense*, sur l'emplacement de laquelle se trouve aujourd'hui la commune de Mellili. Ils forment une chaîne qui s'étend le long du rivage de la mer, depuis Agosta jusqu'à Syracuse. Sur la gauche de Mellili, le ruisseau Cantara, l'ancien fleuve Alabus, coule au milieu de plantes aromatiques dont les parfums se répandent au loin et attirent l'industrieux insecte à qui l'on doit le miel et la cire. Là croissent avec profusion l'acanthe branche-ursine, les dauphinelles, la *cerinthe aspera* que les Siciliens nomment succameli, le myrte, le grenadier, et surtout la nombreuse famille des labiées, la *satureja capitala*, les germandrées (*teucrium flavum, fruticans, polium chamædrys,* etc.), le serpolet, le thym, la marjolaine, le dictame, la lavande, la menthe, l'origan et la sauge. Ces plantes fournissent aux abeilles une pâture abondante et saine, et le miel que ces intelligentes ouvrières déposent sur les rochers du mont Hybla est vraiment digne d'avoir été chanté par Virgile.

Les Siciliens ont presque entièrement abandonné cette

branche de leur ancienne agriculture, et chaque année, ils reçoivent de l'étranger le miel et la cire qu'on venait autrefois leur demander des pays les plus éloignés. Ils prétendent que les avantages qu'ils pourraient retirer de ce commerce ne compenseraient pas les pertes en fruits que leur occasionerait la multiplication des abeilles. Il ne sera pas difficile de combattre ce préjugé par le simple exposé de quelques faits tirés de l'histoire naturelle.

Un essaim d'abeilles se compose de trois espèces d'individus, savoir : l'abeille reine, ou mère (*apis mellifica*) que l'on reconnaît aisément à la grosseur disproportionnée de son corps et à ses petites ailes ; elle se montre rarement hors de la ruche et seulement vers les heures les plus chaudes de la journée, dans les mois de mai et de juin, époque de la fécondation. Les mâles, qui forment la deuxième espèce, se pressent autour de l'abeille reine; on en compte plusieurs centaines. Esclaves paresseux, ils n'ont d'autre emploi que celui de féconder leur souveraine. Ils ne vont point aux champs chercher la nourriture et attendent paisiblement chez eux la volupté et la mort. Leur existence est éphémère; c'est au printemps qu'ils ont goûté les plaisirs de l'amour, et c'est dans les mois de juillet et août suivans que les *abeilles neutres* leur donnent la mort à coups d'aiguillon comme à des êtres devenus désormais inutiles à la société. Cette troisième et dernière espèce se compose d'individus avortés, n'appartenant à aucun sexe et dont l'emploi est d'aller dans les campagnes cueillir le pollen et le miel des fleurs, de bâtir et nettoyer les cellules dans lesquelles l'abeille reine doit déposer les fruits de sa prodigieuse fécondité (on évalue la quantité des œufs déposés annuellement par elle de 40 à 50 mille), et de veiller nuit et jour à la sûreté de la société. Ce n'est donc que cette troisième espèce d'abeilles qui peut inspirer des craintes aux agriculteurs pour la conservation des fruits; mais il est à remarquer que ces insectes ne cherchent ordinairement que la matière sucrée qui se trouve dans le nectaire de certaines fleurs, principe du miel, et le pollen ou poussière fécondante des étamines qu'ils recueillent dans les cavités de leurs pates de derrière. Quant aux fruits, tels que les raisins, pêches, prunes et abricots qu'on trouve le plus communément en Sicile, leur épiderme offre trop de résistance à la trompe de l'abeille, et des expériences renouvelées jusqu'à une rigoureuse démonstration ont fait voir que ces insectes attaquent seulement les fruits qui ont déjà été endommagés par d'autres insectes plus forts, tels que les scarabées et les guêpes. Quant à l'aiguillon de l'abeille, c'est un organe si délicat que lorsque cet animal irrité s'en sert pour blesser un individu ennemi, il en reçoit souvent la mort lui-même. Cette pointe si acérée, vue au microscope, offre l'aspect d'un fer de lance; et plus d'une fois il arrive que pour la retirer de la blessure, l'insecte doit faire un grand effort qui lui brise l'intestin rectum, avec lequel il est adhérent. Ajoutons que les abeilles neutres, loin d'être nuisibles à la conservation des fruits, sont utiles, au contraire, à la fructification, puisqu'en cherchant le pollen elles déchirent les cellules dans lesquelles il est contenu et le répandent ainsi sur les organes femelles qui en reçoivent la fécondation.

Il me paraît donc démontré que c'est sans aucun fondement que les agriculteurs siciliens ont abandonné le système de la propagation des abeilles, et par conséquent la récolte de la cire et du miel. Leurs préjugés, à cet égard, pourraient être combattus avec avantage par des professeurs d'agriculture qui enseigneraient les premiers élémens de cet art dans des écoles pratiques, dans des fermes-modèles. Alors, au lieu de payer aux étrangers un tribut annuel pour l'importation de ces objets, ils parviendraient, en peu de temps, à fournir à tous les besoins de la consommation intérieure, et peut-être même, seraient-ils bientôt en état d'en faire d'importantes expéditions hors de leur île.

ARTICLE IV.

Huiles d'olives, de lin et autres.

Les huiles d'olives forment une des branches les plus importantes du commerce d'exportation de la Sicile. Les meilleures qualités se récoltent, dans les mois d'octobre et de novembre, aux environs de Torremuzza, Olivieri, Tusa, Milazzo, Messine, Palerme, Cefalù, Termini, etc. La production, année commune, est de 450 à 500 milles *cafisi*, du poids de 115 à 130 mille cantari, dont le quart est annuellement exporté à l'étranger et se vend, sur les lieux de récolte, de 4 à 5 onces le cantare, ce qui procure à la Sicile, sur cet article seul, un bénéfice brut d'environ deux millions de francs.

Les exportations se font presque entièrement par navires napolitains, et sont dirigées sur Gênes et Nice. Là, l'huile est transportée sur des bâtimens français qui la portent à Marseille où cette production est admise, par cette supercherie, à jouir de la diminution de droits accordée aux huiles importées sous pavillon français; et remarquons que les navires napolitains obtiennent la préférence sur les français pour l'exportation des huiles siciliennes , attendu qu'il leur est accordé à la sortie une diminution de droits de 10 p. %.

La qualité des huiles de Sicile, même de celle qu'on récolte à Milazzo , est fort mauvaise. J'en ai recherché les causes et voici celle qui m'a paru le plus vraisemblable.

En Provence, où se fait la meilleure huile, on est dans l'usage de cueillir les olives sur l'arbre même , ce qui suppose qu'elles ne sont point encore parvenues à une maturité parfaite. De cette manière on obtient un fruit très-sain, sans piqûre d'insectes, et l'huile, moins abondante il est vrai, en est plus pure et plus agréable au goût. D'après cet usage, on taille les oliviers de manière à leur laisser peu d'élévation et à leur donner une grande circonférence; méthode qui offre le triple avantage de rendre l'opération de la récolte plus facile , de conserver le fruit dans une atmosphère plus chaude et d'offrir une retraite moins attrayante pour les oiseaux qui pourraient attaquer les olives. En effet, j'ai eu , moi-même, l'occasion d'observer en Provence que les oiseaux de passage se reposent très-rarement sur les oliviers; ils donnent la préférence aux arbres plus élevés et plus élagués, tels que l'amandier , le noyer et le pin.

En Sicile , il n'en est pas de même , les oliviers y sont des arbres maigres, efflanqués et s'élevant aussi haut que l'amandier; ce qui ne paraît pas un inconvénient aux cultivateurs de ce pays qui ne cueillent point l'olive sur la plante mais qui la ramassent à terre. Parvenue ainsi à une maturité complète, elle contient une plus grande quantité d'huile, mais d'une mauvaise qualité, car le fruit qui a séjourné à terre y est ordinairement attaqué par les insectes et soumis, d'ailleurs, à toutes les influences nuisibles des plantes parasites et de la terre elle-même, dont la chaleur ou l'humidité sont des causes de fermentation. De plus, le manque de routes met les Siciliens dans la nécessité de transporter les huiles, depuis l'intérieur jusqu'au littoral, à dos de mulet, dans des outres de peaux dont la mauvaise préparation donne souvent à ce liquide une odeur fétide et un goût nauséabonde.

Les moulins à huile sont disposés avec assez peu d'art et il en résulte plus de dépenses pour les propriétaires.

Les variétés et sous-variétés de l'olivier sont les mêmes en Sicile qu'en France : et on peut consulter, à cet égard, la *Flore française* de Lamarck et Decandolle.

On retrouve communément ici cette variété d'olive noire comme en France sous le nom de *picholine* et en Italie sous celui de *passolone*; c'est la seule qu'on puisse manger crue. On la récolte dans les environs de *Castrogiovanni*, où, sur une plantation de cent pieds d'oliviers, on rencontre environ dix arbres portant l'olive picholine. Il est probable que cette variété est due à des circonstances purement inhérentes au terrain, car, transplanté ailleurs, l'arbre cesse de produire la picholine.

L'huile de lin (*linum usitatissimum*) se manufacture sur la côte méridionale de l'île. On en exporte pour Trieste et Venise et une petite quantité seulement pour la France.

Les huiles d'amandes, de colza, de ricin, de pavots, de chanvre, de noix et autres fournissent suffisamment aux besoins de la Sicile, et il serait facile, en multipliant la culture des diverses plantes d'où on les tire, d'en faire de nouvelles branches de commerce.

On fait également quelques exportations d'olives salées.

ARTICLE V.

Soie, Mûrier.

Le mûrier croît, en Sicile, avec une grande facilité. Il y donne deux récoltes chaque année ; aussi ne saurait-on trop encourager les propriétaires à multiplier dans leur île les plantations de cet arbre précieux. Le val entier de *Demone*, et particulièrement les environs de Patti, Messine et Catane fournissent de la belle soie et alimentent les manufactures de Catane. Les étoffes qu'on y fabrique, assez grossières pour la plupart, consistent en damas, tapisseries, bas et bonnets. On calcule qu'il s'en expédie annuellement pour une somme de 20,000 onces, ou 250,000 francs. Les prix des soies grèges et des organsins, que l'on importe en France principalement, varient selon la qualité et selon la nature du tirage : celles dites tirées à la piémontaise (encore assez rares) coûtent, année commune :

1re qualité 28 taris, terme moyen , la livre.
2e   *id.*   26   *id.*
3e   *id.*   24   *id.*

Les soies tirées à la sicilienne coûtent :

1re qualité 20 taris la livre.
2e   *id.*   18   *id.*
3e   *id.*   16   *id.*

Les exportations se font pour la France, ainsi que je l'ai dit plus haut, pour l'Angleterre et l'Allemagne. Elles s'élèvent annuellement de 5 à 600 balles de 300 livres environ, faisant ensemble une somme de près de 4 millions de francs.

Le gouvernement sicilien favorise particulièrement les manufactures de soie; aussi ont-elles acquis, il faut en convenir, un grand développement. C'est à Catane que se trouvent les plus importantes. Les ouvriers n'y ont pas encore une grande habileté, mais le gouvernement a trouvé le moyen de faire sortir de France plusieurs de nos meilleurs métiers, de ceux surtout dits à la *Jacquard*. Ces opérations tendent à mettre de plus en plus les étrangers en état de se passer des produits de notre industrie.

Les Siciliens ignorent encore d'ailleurs l'art d'élever le ver à soie et de dérouler les fils d'après les nouveaux procédés adoptés en France et dans le Piémont. Ils conservent, par exemple, l'usage de priver la chrysalide de toute lumière et de la faire périr par la suffocation. Il y a long-temps que l'absurdité de cette méthode a été démontrée.

ARTICLE VI.

Cotons.

Il paraît que c'est aussi aux Sarrasins que la Sicile doit l'importation de cette plante si précieuse, originaire de l'Asie et de l'Égypte. C'est surtout dans le val de *Noto* qu'on la cultive.

Les Siciliens distinguent trois qualités de cotons :

1°. Ceux de *Biancavilla, Altavilla, Pacchino* et *Giardinetti*;

2°. De *Terranova; Borgia* et *Santa-Caterina.*

3°. De *Catane, Patti* et autres.

La première qualité se fait remarquer par sa blancheur

et son moelleux; elle est fort estimée en Suisse, en Allemagne et surtout en Angleterre.

L'espèce cultivée en Sicile est celle que les botanistes appellent improprement *gossypium herbaceum*, et qu'il serait mieux de nommer *fruticosum*, puisqu'elle le signifie. Les semailles ont lieu en avril et mai, sur un terrain labouré à plusieurs reprises depuis le mois de novembre, et parfaitement aplani; cette dernière circonstance étant reconnue utile pour empêcher que les rayons du soleil, déjà si brûlans à cette époque, n'absorbent trop promptement l'humidité nécessaire à la germination de la semence.

L'observation ayant démontré que cette plante exotique dégénère annuellement, les Siciliens vont chaque année acheter à Malte les graines destinées à être ensemencées. C'est ainsi que se maintiennent les qualités supérieures; mais il serait, ce me semble, bien plus avantageux de donner la préférence aux belles espèces de la Louisiane ou des Grandes-Indes. Il paraît que la proximité détermine le choix des cultivateurs siciliens. Ainsi se manifeste en toute occasion le caractère insouciant de ce peuple.

Lorsque le cotonnier est parvenu à la hauteur d'un pied environ, les cultivateurs en coupent le sommet pour faire pousser la tige plus fortement, et l'obliger à jeter une plus grande quantité de branches et de coques.

Les récoltes ont lieu en octobre et novembre. On a le soin de n'enlever chaque jour que les seules gousses que le trop grand développement du coton a fait éclater; on les expose sur des claies pour les faire sécher au soleil.

L'exportation annuelle du coton brut s'élève, terme moyen, à 2,500 cantari, dont le prix varie de 8 à

12 onces. Il y a en outre, en Sicile, quelques manufactures de peu d'importance où le coton est employé.
Elles sont loin de suffire à la consommation du pays.

Le docteur Joseph Indelicato a démontré, dans un
bon article ajouté à un écrit qui porte pour titre : *Saggio su i mezzi da moltiplicare le richezze della Sicilia,
del signor de Welz*, etc., que la nature semble avoir
destiné la Sicile à la culture du cotonnier, par sa position
géographique, la nature de son sol, son climat et le voisinage de la mer, dont les émanations sont utiles au développement de cette plante. Le docteur Indelicato conseille
à ses compatriotes d'imiter l'exemple des agriculteurs de
la Sardaigne, qui cultivent maintenant avec succès le
gossypium arboreum. Il leur reproche avec raison l'inha-
bileté dont ils font preuve dans le choix des engrais, des
semences et des machines destinées à la préparation du
coton, et leur fait enfin entrevoir les immenses avantages qui résulteraient pour eux de l'extension de cette
culture, tant par les exportations de la matière première
que par l'établissement de grandes manufactures ; chose
à laquelle ils ne peuvent songer aujourd'hui, n'ayant pas
pour cela de capitaux suffisans.

ARTICLE VII.

Vins.

Il y a trente années environ qu'un anglais nommé
Woodhouse vint s'établir à Marsala, et y fonda une
manufacture de vins qui acquit en peu de temps une
grande importance. Les vins de cette fabrique ont beaucoup d'analogie avec ceux de Madère. On les sature

d'alcool pour les rendre plus agréables aux Américains, aux Anglais et aux Hollandais, qui en exportent annuellement de 4 à 5,000 barils, au prix moyen de 5 onces le baril (192 fr. l'hectolitre), ce qui produit pour cet article une vente annuelle, dont le produit est à peu près de 20 à 25,000 onces (260,000 à 333,000 fr.)

Les procédés adoptés par M. Woodhouse, pour la fabrication du vin de Marsala, sont les suivans :

Les tonneaux ou futailles (en italien *pipe*), de la capacité de 12 barils, sont en bois de chêne de l'espèce *quercus cerris;* on les remplit d'eau douce et on y jette ensuite la quantité de 2 *mondelli* de chaux (environ 35 litres), que l'on a préalablement fait dissoudre dans de l'eau chaude. Quarante jours après cette opération, on vide les tonneaux et on les lave à plusieurs reprises, d'abord avec de l'eau pure, puis avec de l'esprit de vin; cela fait, on les sature de soufre et on les bouche hermétiquement. Avant d'y verser le vin, on y introduit 10 *quartucci* (8 litres) d'esprit à 26 degrés. On laisse le vin se reposer quarante ou cinquante jours, selon que la température est plus ou moins chaude, et on le transvase ensuite dans quatre nouvelles barriques, dans chacune desquelles on jette encore 10 *quartucci* d'esprit au même degré, et qu'on achève de remplir, en y versant du vin préparé de la même manière, et tiré par conséquent de trois nouvelles barriques. Cette décantation se répète six ou sept fois, jusqu'à ce que le vin arrive au degré de 30 points dans le pèse-liqueur; enfin, on le laisse reposer dix-huit mois ou deux ans, et on le livre à la consommation.

Ces détails m'ont été fournis par un des chefs de la manufacture Woodhouse, et j'ai d'autant plus lieu de les croire exacts que je les ai trouvés entièrement conformes à ceux qu'a donné le docteur *Indelicato* dans ses notes sur l'ouvrage de M. de Welz.

On lit dans les *Transactions philosophiques*, années 1811 et 1813, des détails curieux sur les expériences faites par M. Brande, pour connaître l'état de l'alcool dans les liqueurs fermentées. Il a trouvé, dans le vin de Marsala, sur cent parties, une moyenne de 25, 09 parties d'alcool et dans le vin de Syracuse 15, 28 p. %.

Cette dernière espèce de vin est assez connue pour que je puisse m'abstenir d'en parler. Ceux de l'Etna, de Lipari, de Palerme, et plusieurs autres, sont fort exquis et très-estimés à l'étranger. Il s'en exporte pour une somme d'environ vingt-cinq mille onces.

Les raisins que l'on fait dessécher sont de deux espèces, les zibibes et les passolines. Les raisins zibibes ont un grain de la grosseur du pouce ; Ils viennent abondamment dans l'intérieur de l'île. On en exporte pour l'Angleterre et la France à peu près six mille barils.

La passoline est fournie par les îles de Lipari ; on en expédie pour Trieste et l'Allemagne dix mille barils.

Quant aux raisins de table, on en compte dix-huit à vingt espèces dont les principales sont : le raisin muscat (moscadella), la pergolèse, la grecque, la canniola, le zibibo, la sperca, etc.

Les eaux-de-vie et esprits de vin sont de mauvaise qualité et ne peuvent soutenir la concurrence avec ceux de France, parce que, sans doute, les bons procédés chimiques sont peu connus des Siciliens.

Le **tartre** blanc se récolte sur la côte méridionale de la Sicile. On peut s'en procurer de quatre mille à quatre mille cinq cents quintaux chaque année.

Le tartre rouge est commun dans toute la Sicile et on en récolte annuellement douze à quinze mille quintaux.

ARTICLE VIII.

Sumac.

(*Rhus coriara*. Linnée, spec. 379.)

Le sumac forme une des plus importantes branches du commerce de la Sicile.

Cet arbrisseau, de la famille des *térébinthacées*, se plante dans le mois de janvier et se coupe en août. On en laisse sécher les feuilles et les jeunes tiges, et on les réduit ensuite en poussière au moyen d'une meule. Cette poussière est mise dans des sacs de toile dont trois forment une salme. On l'importe en Angleterre, à Marseille, à Gênes et dans les ports de l'Adriatique. Elle sert à corroyer les cuirs, à les mettre en couleur et à diverses opérations chimiques.

La première qualité se récolte aux environs d'Alcamo, Trapani et Morréale;

La deuxième qualité à Militello et Messine;

Les qualités inférieures à Termini, Girgenti, Terranova, Scaletta, etc.

La quantité moyenne qu'on en tire do la Sicile est de soixante mille salmes, chaque année, au prix de trois onces la salme, terme moyen.

La poussière de sumac est fort aisée à altérer par le mélange de diverses plantes sèches : souvent même on ne reconnaît la fraude qu'au moment du corroyage.

Les Siciliens qui, pour la plupart, vivent au jour le jour, et qui ne songent jamais à l'avenir, sont dans l'u-

sagc de falsifier la poussière de sumac, au mépris des
réglemens sévères qui le leur défendent, et la discréditent
ainsi sur les marchés étrangers.

ARTICLE IX.

Oranges, citrons, essences, acide citrique.

Les hespéridées abondent en Sicile et fournissent à
l'industrie commerciale de ce pays une abondante source
de revenus.

Ces fruits délicieux surchargent tellement l'arbre qui
les porte qu'ils en couvrent presque entièrement le feuillage; aussi se vendent-ils au prix le plus modique, et il
est permis à tout passant d'en cueillir à discrétion, sans
qu'aucun gardien vienne le repousser.

La récolte des oranges a lieu en janvier et février;
celle des citrons en septembre.

Ceux de ces fruits que l'on doit exporter se cueillent
avant leur parfaite maturité. On les enveloppe dans une
feuille de papier fin et on en forme des caisses où il en
entre trois cents.

Les variétés sont fort nombreuses; l'orange à laquelle
les Siciliens donnent le nom de *lumia* est fort petite et
fort aigre, mais utile pour les assaisonnemens. Les ber-
gamottes sont également très-communes.

Les exportations en oranges s'élèvent à trente mille
caisses environ, dont un tiers pour la France et le reste
pour Trieste, Gênes, la Hollande, etc.

Deux cent mille caisses de citrons sont expédiées pour
l'Angleterre, la Russie, la Hollande, Marseille et l'Allemagne.

Le suc de limon, ou acide citrique, fournit, chaque année, soixante-quatre mille barils au commerce d'exportation.

Les essences de citron, de bergamotte, celles des plantes aromatiques et autres se fabriquent principalement à Messine ; là de malheureux ouvriers sont occupés, du matin au soir, à presser entre leurs doigts le zeste des citrons, en dirigeant le suc qui s'en échappe sur une glace ; ce suc est recueilli au moyen d'une éponge fine et versé dans un baril. La journée finie, chaque homme a exprimé à peine un demi-rotolo (environ 400 grammes) d'essence. Ces gens passent ainsi leur vie à faire l'office d'un pressoir.

ARTICLE X.

Manne.

C'est le suc concret de deux espèces de frênes, *fraxinus ornus* et *fraxinus rotundifolia*. Les Siciliens les confondent sous le nom d'Amolles.

La meilleure manne se récolte dans les monts de Madonia, aux environs de Cinesi et Gerace. Les arbres qui la fournissent sont ordinairement situés sur le penchant des collines du côté de l'orient, pour être échauffés le matin par les rayons du soleil, et rafraîchis vers le milieu du jour par les ombres que projettent les montagnes environnantes.

Les frênes à manne se plantent à une distance de sept à huit pieds. En dix années ils ont atteint la grosseur du bras et la hauteur de huit à dix pieds. Aux heures les plus chaudes de la journée, dans les mois de juillet et août, la manne s'échappe du sein de l'arbre et coule en larmes dorées et diaphanes ; on dirait une rosée de miel.

Pour faciliter cet écoulement, on fait d'abord une incision vers le pied de la plante et, chaque jour, on en pratique une nouvelle au-dessus, à la distance, l'une de l'autre, d'un doigt seulement, mais toujours du même côté, afin de réserver l'autre pour l'année suivante. Au bout de six jours on recueille le suc qui a découlé de ces incisions.

La manne dite en larmes est celle qui s'échappe au moyen de brins de paille, ou autres objets fistuleux, implantés dans les entailles et que l'on récolte avant qu'elle ne soit tombée à terre. C'est la plus estimée ; on peut en recueillir annuellement cent cinquante mille livres, et une égale quantité de celle plus commune, dite en sorte, qui s'amoncèle au pied de l'arbre, et qui a besoin d'être purifiée avant que d'être livrée à la consommation.

La manne vaut à Palerme de 40 à 48 grains la livre (environ 1 franc).

Les exportations se font par les ports de Messine et Palerme pour la Hollande, l'Angleterre, l'Allemagne, la France et l'Amérique ; elles s'élèvent, année commune, à environ 20,000 onces.

ARTICLE XI.

Amandes.

Les amandes de première qualité se récoltent aux environs de Palma, Mascali, Syracuse, Catane, Carini, Alcano, etc., dans les terrains pierreux. Celles de seconde qualité auprès de Girgenti, Terranova et Licata.

Les lieux d'exportation sont : Messine, Palerme, Girgenti et Licata.

La récolte se fait de septembre à octobre ; elle produit,
dans les années communes, 18,000 cantares environ,
dont trois quarts d'amandes douces.

Il s'en exporte 10,000 cantares chaque année, au prix
de 5 à 6 onces. Les expéditions se font pour les ports de
Livourne, Trieste, Venise et Gênes, d'où on les fait passer en Allemagne, en Suisse, en Russie et en Angleterre.

Les amandes qui ne s'exportent pas en nature servent
à faire de l'huile et quelques confitures sèches.

ARTICLE XII.

Réglisse.

(Racine du *glycirrhiza glabra*, de Linnée, famille des légumineuses.)

On cultive cette plante dans les environs de Catane,
Taormine, Patti, Carini, Termini, Montréal, etc. Les
exportations ont lieu, par Messine et Palerme, pour
Trieste, Gênes, Marseille et surtout pour l'Angleterre,
où l'on se sert de la réglisse pour la fabrication de la
bière.

Palerme, Messine et Termini possèdent des fabriques de
pâte de réglisse. J'ai visité plusieurs fois celle de Termini,
et je crois faire une chose utile en donnant ici un court
précis de la méthode adoptée dans cet établissement.

1re *opération, lavage.* — C'est ordinairement à l'époque la plus chaude de l'année, dans les mois de juillet et
août, que l'on coupe les racines du *glycirrhiza*. On les
laisse exposées pendant deux semaines dans un lieu sec et

on les bat ensuite pour en détacher la terre. Cela fait, on les coupe par petits morceaux que l'on met à infuser dans de l'eau froide pendant 24 heures. On les lave fortement, et on les fait enfin bouillir pendant quelques heures dans la chaudière, dite de décoction, ce qui termine l'opération du lavage.

2e *opération, infusion.* —Les racines, ainsi lavées et coupées, sont mises en infusion dans de grandes cuves pleines d'eau bouillante; on les y laisse dix heures environ. Au bout de ce temps, on les en retire pour les soumettre au hachoir jusqu'à ce qu'elles aient pris la consistance d'une pâte; on les fait alors bouillir dans une seconde chaudière de décoction pendant deux ou trois heures; on les en retire pour les hâcher de nouveau; on les fait une troisième fois bouillir pendant quelques heures, et enfin on les met sous le pressoir qui sépare les fibres d'avec le fluide muqueux.

3e *opération, liquéfaction.* —Ce fluide coule dans la chaudière dite d'évaporation, où on le maintient en ébullition pendant vingt-quatre heures; passé à l'état de sirop, on le transvase dans une quatrième chaudière, plus large et moins profonde que les précédentes, et là il achève de se dégager de la partie aqueuse qui s'évapore d'autant plus rapidement qu'un ouvrier est constamment occupé à remuer le sirop avec une espèce de cuiller en fer.

4e *opération, dessication.* —La pâte ainsi formée, est jetée dans un moule semblable à ceux dont se servent les fabricans de maccheroni; elle en sort, par la force de la pression, en forme de bâton, et un ouvrier la coupe au passage par morceaux égaux. Ces morceaux demeurent exposés sur des planches jusqu'à ce qu'ils soient entièrement refroidis et endurcis. On es met alors dans des caisses tapissées de laurier. C'est la dernière opération.

Il s'en exporte annuellement, de toute la Sicile, environ 6,000, au prix de 7 onces, terme moyen.

ARTICLE XIII.

Chanvres et lins.

Il est impossible d'évaluer, même approximativement, la quantité de chanvre et de lin qui se récolte en Sicile ; chaque famille de fermier, chaque villageois en cultive pour son usage particulier. J'estime toutefois, d'après un mémoire de M. Gamelin, ancien consul de France à Palerme, qu'on pourrait, s'il y avait des demandes suffisantes, exporter jusqu'à 10,000 cantares de chanvre. Quant au lin, on ne l'exporte pas en nature ; mais l'huile qu'on en retire fournit au commerce de sortie une quantité annuelle de 3,000 cantares, au prix de 4 onces. On transporte cette denrée à Venise, Livourne, Gênes, Marseille et Naples.

ARTICLE XIV.

Soude.

Salsola sativa,	de Linnée,	spec. 5.	
»	*soda*,	»	spec. 4.
»	*kali*,	»	spec. 1.
»	*tragus*,	»	spec. 2.
»	*salsa*,	»	spec. 7.
»	*prostrata*,	»	spec. 10.

Cette plante, dont on trouve en Sicile les espèces ci-dessus indiquées, formait autrefois une importante bran-

che du commerce de l'île, en fournissant, par l'incinération, l'alkali, connu sous le nom de *barille*, et employé
pour la confection du savon. Les espèces que l'on préfé-
rait pour cette opération, étaient :

> La salsola sativa (barille des Espagnols),
>
> La salsola soda,
>
> Et la salsola kali.

Les meilleures qualités se récoltaient à Catane, Marsala, Trapani, Scoglietti, Terranova, Mazzara, Sciacca,
Falconara et Licata. L'incinération se faisait en présence
des magistrats afin de prévenir la falsification des cendres
par le mélange des plantes hétérogènes.

Marseille, qui depuis 200 ans est en possession de ma-
nufacturer le meilleur savon, consommait chaque année
trente mille quintaux de soude, dont environ huit mille
étaient fournis par la Sicile. Le prix moyen du quintal
était de 14 à 15 francs. Gênes, Trieste, Livourne et
l'Angleterre en tiraient aussi une grande quantité. La
somme totale des exportations était de trente à trente-
cinq mille quintaux.

Aujourd'hui cette ressource commerciale est perdue
pour les Siciliens, la soude factice ayant remplacé la
soude naturelle. Cependant Naples et l'Angleterre en tirent encore une petite quantité pour la fabrication des
savons fins à l'usage de la toilette ; car on ne saurait, sans
quelque danger, appliquer habituellement sur la peau et
surtout sur les parties muqueuses du corps, le savon fait
à l'aide de l'acide sulfurique, base de la soude factice.

ARTICLE XV.

Tabac.

(*Nicociana tabaccum.*)

Jusqu'ici la culture de cette plante a été libre en Sicile ; mais on croit que le gouvernement va la prendre en
régie, ou peut-être la donner en ferme ; ainsi que cela se
pratique dans plusieurs états du continent.

« Le tabac étant une drogue découverte depuis peu et
» dont les pays étrangers ont approvisionné le royaume,
» il n'a été d'abord en usage que dans la classe des nobles
» et des gens aisés, et seulement pour remède et pour rai-
» son de santé ; mais maintenant la mauvaise habitude
» et notre grande modération en ont rendu l'usage com-
» mun à quantité de gens d'un caractère querelleur,
» d'une conduite dépravée et d'un état abject ; ils con-
» somment la plus grande partie de leur temps à prendre
» et à fumer du tabac ; ils emploient à cet objet de luxe
» et de vanité les gages qu'ils reçoivent et le montant
» des salaires qui leur sont alloués pour leur travail, sans
» s'embarrasser du prix auquel ils achètent cette dro-
» gue,... etc. »

Ce que Jacques Ier disait des Anglais, en 1604, est
parfaitement applicable aux Siciliens du dix-neuvième siècle. La consommation de l'île y est annuellement de près
de 4,000 quintaux, dont un tiers, de tabac exotique, y est
apporté de Marseille, de Livourne, d'Espagne, du Portugal
et des Pays-Bas ; il y est soumis à un droit d'entrée de 28
ducats le cantare napolitain (ou 24 ducats 92 grains le

cantare sicilien = 138 fr. 10 c. les 100 kilogr.) quand il est en feuilles, et 56 ducats par cantare napolitain (ou 49 ducats 84 grains par cantare sicilien = 276 fr. 20 c. les 100 kilogrammes), s'il est manufacturé.

La culture et la manipulation du tabac n'offrent rien de particulier en Sicile, si ce n'est que des réglemens de police sanitaire, qui datent de 1816, prescrivent aux cultivateurs de n'en faire de plantations qu'à une distance d'un mille au moins de toute habitation.

On cultive sur la côte du sud une espèce de nicotiane, appelée dans le pays *erba santa*, qui fournit une poudre subtile, jaunâtre et d'une odeur très-forte ; le bas peuple en fait une grande consommation, attendu la modicité de son prix.

Il y a plusieurs manufactures de tabac à Palerme, dont la principale est dirigée par une maison française ; il y en a aussi dans les grandes villes, Messine, Syracuse, etc.

ARTICLE XVI.

Chêne, liége, bois de construction, etc.

Dans les monts de Madonia, qui séparent le val de *Demone* de celui de *Mazzara*, se trouvent quelques forêts, où la marine du royaume des Deux-Siciles peut s'approvisionner. Voici une nomenclature abrégée des arbres qui servent ici aux constructions navales ou civiles.

Quercus robur, en italien *rovere*, en sicilien *quercia*. C'est l'espèce de chêne la plus estimée ; on s'en sert pour faire des quilles de navire.

Quercus pedunculata, quercus esculus, quercus alba.
Ces trois espèces de chêne sont confondues en italien
sous le nom de *querce farnia*, et en sicilien sous celui
de *fargna*. On s'en sert peu pour les quilles, beauconp
pour le corps des navires, pour les bras d'ancre, poulies,
renforts intérieurs, etc.

Quercus cerris, en italien *cerro*, en sicilien *cierro*.
Moins estimé que les précédens ; on l'emploie néanmoins
pour les mêmes usages, hors pour les quilles, et de plus
on en fait du *merrain*.

Quercus ilex, chêne yeuse, en italien *elce*, en sicilien *leccio*. Il est cultivé ici comme plante d'économie
ou d'ornement.

Quercus suber, eu italien *sughero*. C'est le chêne-
liége, une des plantes dont il importerait le plus aux Siciliens de propager la culture. Depuis quelques années
seulement, on a commencé à faire des exportations de
son écorce. C'est principalement sur les côtes méridionales de l'île qu'on trouve une belle qualité de liége
qu'on expédie à Marseille. Il en sort pour environ
40,000 fr.

Le pin (*pinus maritima, sylvestris, australis, pinea*).
On s'en sert pour les ponts de navires.

Le sapin, *abies taxifolia*, en italien *abeto commune*.
On en fait des vergues et des mâts.

Le hêtre, *fagus sylvatica* de Persoon, en italien *fag-
gio*, en sicilien *faia* ou *faio*. Il sert pour les poulies.

Le peuplier, le châtaignier et le noyer servent aux
travaux intérieurs des navires et à leurs ornemens.

Les Siciliens possèdent en outre dans leur île divers
arbres fort utiles, des genres *aune, bouleau, frêne,
saule, genèvrier, thuya, erable, platane*, etc.

ARTICLE XVII.

CULTURES DIVERSES.

Cactus opuntia, *agavé* ou *aloës*, *papyrus*, *pistaches*, *safran*, *celtis australis*, *carroubier*, *salsepareille*, *gommes*, *palmiers*, *figuiers*, etc.

Figuier d'Inde, cactus opuntia de Linnée. — Cette précieuse plante fournit le seul aliment à peu près de la plus nombreuse et la plus malheureuse partie de la population de la Sicile pendant plusieurs mois de l'année. Cette espèce de raquette se propage avec rapidité; ses feuilles, larges et succulentes, que l'on implante dans le sol, se lignifient après avoir donné naissance à de nouvelles feuilles, sur lesquelles s'opère successivement le même phénomène, et la plante forme bientôt un véritable arbuste qui fournit au voyageur un abri contre les ardeurs du soleil, et au besoin contre l'orage. Son fruit, que l'on commence à récolter au mois de juillet, est une drupe ovoïde de la grosseur d'un abricot, et dont le goût a quelque analogie avec celui du melon; c'est une nourriture saine et agréable. La consommation qu'on en fait en Sicile est immense, et on en exporte même une certaine quantité à Naples. La facilité de se procurer cet aliment en fait presque l'unique ressource de la classe pauvre pendant plusieurs mois de l'année, ainsi que je l'ai dit plus haut, et l'usage s'en est tellement répandu, même chez les personnes aisées, qu'il y a dans les grandes villes de l'île, et surtout à Palerme, des lieux publics où les gens de bonne société vont le soir manger plusieurs douzaines de figues d'Inde, comme à Naples on va manger des huîtres et des fruits de mer.

Le *cactus opuntia* peut encore servir d'engrais.

Agavé ou *aloës* (*agave americana* de Linnée). — Connue vulgairement sous le nom d'aloës, cette plante, que Tournefort avait confondue dans le genre *aloë*, porte en Sicile le nom de *zabara*. L'espèce dont il est ici question est originaire de l'Amérique méridionale. Cortuso l'apporta pour la première fois en Europe en 1561 ; elle est maintenant répandue en Espagne, dans le midi de la France, en Italie et surtout en Sicile, où elle se propage avec une grande facilité. L'*agave americane* fleurit dans les pays chauds, après dix ou douze années d'existence, tandis que, sous une latitude plus septentrionale, il n'acquiert un degré de force suffisant pour la floraison qu'après vingt, trente ou quarante ans, et souvent même il n'y fleurit jamais. La plante forme une belle touffe de feuilles sessiles, de la hauteur de quatre à six pieds, épaisses de deux à trois pouces dans leur milieu, permanentes, lancéolées, et terminées par une pointe fort dure et fort acérée, dont les Indiens se servent, dit-on, pour armer leurs flèches. Aux approches de l'été, on voit sortir du sein de cette touffe majestueuse une hampe nue qui croît de deux à six pouces en vingt quatre heures, croissance si extraordinaire que l'œil peut en suivre les progrès. Au bout de quelques jours, la tige a acquis tout son développement et s'est élevée à une hauteur de vingt à trente pieds. A son sommet commence alors à s'étaler une panicule en forme de girandole, qui soutient plusieurs centaines de fleurs d'un blanc jaunâtre. C'est sans doute cette floraison si rapide qui a répandu parmi le peuple l'opinion absurde que l'agavé ne fleurissait qu'une fois dans un siècle, et que sa tige s'élevait dans l'espace d'une nuit, après avoir fait entendre une détonation semblable à un coup de canon.

En Sicile, on se sert de l'*agave americana* pour former des haies de clôtures. Ces haies offrent un aspect agréable, coûtent moins que les murs bâtis et défendent mieux la propriété.

Les feuilles de l'agavé fournissent un fil propre au tissage. Le procédé en est fort simple : après avoir coupé la feuille à sa base on la fait rouir dans de l'eau stagnante, et lorsque la partie charnue est suffisamment amollie, on écrase la feuille entre deux cylindres ; cela fait, on la laisse, pendant plusieurs jours, tremper dans de l'eau courante, et enfin on bat pour diviser les fibres que l'on peigne ensuite à plusieurs reprises. On peut consulter, pour avoir plus de détails à cet égard, un mémoire qui se trouve à la suite d'un ouvrage du comte de Borch intitulé : *Lettres sur la Sicile, dédiées à Winckelmann,* etc.

On se sert encore des débris de cette plante, mis en macération, comme engrais.

Papyrus (cyperus papyrus). — Je ne crois pas devoir passer sous silence une plante qui a acquis une célébrité historique, bien que de nos jours elle ne paraisse plus devoir être d'aucune utilité.

Le souchet papyrus croît dans les eaux stagnantes avec les joncs et les roseaux, en Égypte, dans quelques parties de l'Asie méridionale et en Sicile. Dans les jardins où on le cultive comme objet de curiosité, il s'élève rarement à plus de quatre pieds, mais sur son sol natal, il atteint une hauteur de dix et même de douze pieds.

Sa racine est fibreuse, horizontale, dépourvue de souche; sa tige (*scapus*) est triangulaire, obtuse, nue, enveloppée à sa base par les écailles des bourgeons; ses feuilles latérales et rares, molles, légèrement creusées en carène; sa fleur, qui se montre à la fin de septembre sous le climat de la Sicile, est une ombelle simple, chevelue, sphérique; les involucres sont longues, triphylles, soyeuses et rougeâtres.

Des auteurs anciens et dignes de foi avaient dit que le papyrus croissait en Sicile, et, ce qui semblait confirmer cette assertion, c'est que la tradition en avait conservé le nom à plusieurs localités. A Palerme, par exemple, selon Hugues Falcando, écrivain du douzième siècle, était un quartier connu sous le nom de *trans-papyretum*; et le nom de *papyreti* était encore, en effet, celui qu'on donnait, il y a peu d'années, à l'un des faubourgs de cette capitale. Fazello, le plus célèbre des historiens de la Sicile, entre à cet égard dans des détails qui ne permettent pas de douter de l'existence du papyrus en Sicile. Enfin le chevalier Landolina, Syracusain, a trouvé cette plante sur les bords du fleuve Lyane, près Syracuse, dans un lieu appelé encore aujourd'hui *Pappéra* ou *Pampéra*. Non content de cette découverte, le chevalier Landolina a réussi à faire du papier au moyen du procédé indiqué par Pline (livre 13, ch. 11).

Le texte de cet auteur ayant été souvent corrompu, je donnerai ici celui du chapitre précité tel qu'il est rapporté dans un ouvrage du savant médecin napolitain Domenico Cirillo, intitulé : *Cyperus Papyrus*, etc., *fol* atlant: *Parmæ* 1796, *in œdibus palatinis typis Bodonianis*. Cette édition de luxe a été faite avec l'exactitude qui caractérise les ouvrages sortis des presses de Bodoni.

Les passages renfermés entre deux parenthèses sont des observations qui appartiennent à Cirillo :

« Chartæ papyraceæ preparatio. Ex Plinio, lib. 13,
» ch. ii. »

Præparantur papyra diviso (scapo) acu in prætenues sed quam latissimas (alii longissimas) philuras : principatus medio atque inde scissuræ ordine : texuntur omnes tabulâ madente Nili aquâ (papyri schedas, non autem asseres philuris subditos, super quibus agglutinantur, Guilandinus intelligit) turbidus liquor vim glutini præbet, cum prima supina tabula scheda adlinitur longitudine papyri, quæ potuit esse, resegminibus utrinque amputatis : transversa postea crates peragitur : premuntur deinde plagulæ prælis et sole siccantur (id est chartæ jam confectæ lamina, quam chartæ nostræ, ex linteis tritis confectæ, folium vulgò vocant) atque inter se junguntur, proximarum semper bonitatis diminutione ad deterrimas : nunquam plures scapo quam vicenæ, etc.

Traduction. « On prépare le papyrus en divisant la
» hampe en lames très-minces, mais fort larges (selon
» d'autres fort longues) : les coupures doivent commen-
» cer par le milieu et continuer par ordre progressif : on
» tresse toutes ces lames et on en forme des planches qu'on
» fait tremper dans l'eau du Nil (Guilandin pense qu'il
» est question des feuillets même du papyrus et non pas
» de planches sur lesquelles ces lames seraient superpo-
» sées et collées) l'eau trouble donne de la force au gluten;
» sur la première planche renversée on colle une lame de
» la longueur du papyrus, telle qu'on a pu l'obtenir,
» après en avoir coupé les rognures des deux côtés, et on
» continue cette opération en ayant le soin de tresser les

» lames en forme de grille. On soumet ensuite ces planches
» à l'action de la presse; on les fait sécher au soleil (il est
» ici question des planches du papier déjà achevé, ce que
» nous appelons vulgairement les feuilles de notre papier
» de chiffons broyés) et on les colle entre elles , en opé-
» rant progressivement depuis les meilleures jusqu'aux
» plus mauvaises. On n'obtient jamais plus de vingt feuilles
» dans une hampe, etc. »

Gaspard Bauhin pense que le mot *papyrus*, en grec
παπιρος, vient de ἀπὸ τὸν πάπιν τὸν τυρὸν, « qui contient du
blé, » c'est-à-dire *quod in re cibaria usum præstet*. Cette
étymologie me paraît au moins fort douteuse ; et j'avoue
que je n'en comprends pas l'application.

On a cru que l'art de se servir du papyrus avait été inventé sous le règne d'Alexandre ; mais Guilandin a
prouvé par des passages d'Anacréon, d'Alcée, d'Es-
chyle, de Platon et d'Aristote, que cet art était connu
long-temps avant Alexandre, mais que c'était dans le
siècle auquel ce conquérant a donné son nom que l'usage
en était devenu général.

Les manuscrits qu'on découvre journellement à Pom-
peïa et à Herculanum sont tous écrits sur papyrus.

Pistaches. — Fruits du *pistacia vera* et *pistacia tri-
folia*. Le pistachier, grand arbrisseau dioïque de la famille des térébinthacées, originaire d'Asie, s'est prodigieusement multiplié en Sicile; il s'y élève à la hauteur
de dix à douze pieds.

Les Siciliens donnent le nom de *scornabecco* à la
plante mâle, et de *festuca* à la plante femelle.

Le fruit du pistachier est une petite amande verte
d'une saveur fort agréable. Les confiseurs et les cuisiniers

en font un grand usage. En médecine, on l'emploie avec succès, principalement dans certaines maladies des parties génitales.

La presque totalité des pistaches que l'on consomme en France nous vient de la Sicile, où la récolte, dans les bonnes années, s'élève à environ 2,500 quintaux siciliens ; on en expédie également pour Trieste, Livourne et Gênes. Le prix varie de 4 à 5 onces le quintal.

C'est dans les environs de Caltagirone que cet arbrisseau est le plus abondant. On a remarqué que les années de bonne récolte alternaient avec les années de mauvaise récolte.

Celtis australis. — Micocoulier du midi. En italien *melofioccolo commune.*

Cet arbre, qui appartient à la famille des amentacées et à la vingt-troisième classe de Linné (*polygamie monœcie*), s'élève jusqu'à cinquante pieds. Ses drupes mûrissent en septembre, et sont bonnes à manger. Son bois est noirâtre, compact et presque incorruptible. Les ébénistes et les fabricans d'instrumens à vent l'emploient avec succès. Il est commun en Sicile.

Safran. — La culture du *crocus sativus* est fort répandue ici. L'exportation du safran n'est pas sans quelque importance.

Caroubier. — Fruit du *ceratonia siliqua*, en italien carrubbio, ou sciusciella.

Le caroubier est trop connu pour en donner ici la description. En Sicile, où cet arbre est fort commun, surtout dans les environs de Noto et d'Avola, on en donne le fruit à manger aux chevaux, aux porcs, et

quelquefois au gros bétail. Souvent même, il faut bien
le dire, il sert d'aliment au bas peuple. On en fait une
exportation considérable pour Gênes, Trieste, Livourne
et Marseille.

Le cantare se vend ordinairement 15 taris.

Salsepareille. — Toute l'île en produit abondamment
de l'espèce appelée salsa-siciliana (*smilax aspera* de
Linnée). Elle est d'un grand usage en médecine.

Gommes. — La Sicile fournit annuellement douze
cents cantares de gommes de diverses plantes, telles que
l'astragale de Crète, le prunier, le cerisier, l'olivier, etc.

Palmier des Deux-Siciles. — *Chamœrops humilis.* Il
croît sur le littoral du midi de l'île, et s'élève à peine à
une hauteur de quatre ou cinq pieds. Sa base est nue, et
le reste de la tige écailleux. Quarante feuilles palmées et
plissées forment une couronne au milieu de laquelle s'é-
lève un *spadix* ou pedoncule rameux couvert de fleurs
jaunâtres, les unes mâles et les autres hermaphrodites.
La pulpe du fruit se mange ; elle est douce et moelleuse ;
la partie inférieure de la tige contient en outre une fécule
assez agréable au goût.

On n'ignore pas que les palmiers tiennent un rang
distingué parmi les plantes les plus précieuses des pays
méridionaux. Linnée les a appelés les *princes de la végétation,* et cette distinction leur est due, non-seulement
par la majesté de leur port, par l'élégance du panache
dont ils sont couronnés, mais bien plus encore par l'utilité dont ils sont à l'homme. En effet, le bois du palmier sert à la construction de ses demeures ; les feuilles
sont de précieux matériaux pour divers ouvrages d'éco-

nomie rurale ; on s'en sert pour faire des vêtemens et fa-
briquer du papier : le spadix et les fleurs fournissent de
l'huile ; les fruits et la fécule intérieure offrent enfin une
nourriture à la fois saine et agréable. On ne saurait donc
trop conseiller aux Siciliens de multiplier cette précieuse
plante, puisque leur beau pays est sous une latitude assez
méridionale pour en permettre la culture.

Palmier à dattes. — Le palmier à dattes (*phœnix
dactylifera*), se cultive avec succès sur la côte méridionale de l'île.

Figues. — La Sicile en possède six espèces, dont les
plus recherchées sont les *optate* et les *borgisotta.* Ces
fruits, desséchés avec soin, s'exportent pour Malte, Naples, et la Haute-Italie.

Noisettes. — On en expédie à Trieste, Venise, Livourne, Gênes et Marseille.

Grenades. Noix de galle. — On en fait également
quelques exportations pour les mêmes ports.

ARTICLE XVIII.

*Chevaux, gros bétail , fromages , suifs, laines, cuirs , pelle-
teries , os.*

Bétes bovines. — Les animaux de gros bétail ont dégénéré en Sicile. La misère et l'ignorance des agriculteurs
en expliquent suffisamment les causes. On reconnaît encore ici, toutefois, le type de ces races dont la beauté
faisait dire aux poètes de l'antiquité que les troupeaux
d'Apollon paissaient en Sicile. Ces formes robustes, ces
fronts larges et armés de cornes dont la hauteur excède

quelquefois celle du corps lui-même, ces yeux saillans et marqués de feu, indiquent assez que la mollesse, l'engourdissement et la stérilité n'ont pas toujours été, comme de nos jours, les signes caractéristiques du gros bétail sicilien.

Les vaches, cet animal si utile à l'homme des champs, sont ici l'objet des plus mauvais trairemens ou des soins les plus bizarres. On les réunit par troupeaux (*mandre*) ordinairement fort nombreux; j'en ai vu plusieurs de six cents individus. Pendant l'été on les promène de montagne en montagne; en hiver on les fait descendre sur les bords de la mer vers Girgenti, Terranova, Marzala, Mazzara et Trapani; voyage qui, souvent, est de plus de soixante milles. Là, elles trouvent à brouter, ainsi que j'ai déjà eu occasion de le dire, une plante appelée *disa* (*arundo ampelodesmos*), nourriture malsaine et insuffisante à des animaux fatigués par une longue route. Heureux encore les propriétaires, quand un hiver trop rigoureux ne vient pas décimer leurs troupeaux, exposés de nuit et de jour à toutes les intempéries de l'air.

Quand les génisses ont atteint leur deuxième année, on les livre au taureau. Devenues mères, c'est par de cruels procédés et non par la douceur qu'on les force à se laisser traire.

Dans les villes même, les pâtres ne couduisent que des vaches indomptées. Ils n'en peuvent obtenir le lait qu'à l'aide du veau et en leur liant fortement une des jambes de derrière au-dessus du genou, de manière à serrer le tendon contre l'os.

Un vache fournit ordinairement douze *quartucci* (environ dix litres) de lait par jour. Elle donne un veau de deux en deux années.

Les bœufs n'ont pour toute pâture, en hiver, qu'un peu de foin qu'on sème sur le plancher autour d'eux comme pour les inviter à le fouler sous leurs pieds et à le contaminer avant que de s'en nourrir.

Brebis, laines. — Les brebis sont chétives et fournissent la plus mauvaise laine de l'Europe. On ne fait rien, il est vrai, pour en améliorer l'espèce. L'usage de traire ces animaux est encore en vigueur ici.

Aux approches de l'hiver, chaque pâtre réunit son troupeau à celui de son voisin ; celui du riche est confondu avec celui du plus pauvre agriculteur, et cette circonstance contribue puissamment à propager les maladies contagieuses. A cette époque, il n'est pas rare de voir des troupeaux (*greggi*) de 5 à 6,000 brebis. Chacune d'elles fournit annuellement un agneau, deux rotoli (1 kil. 588 grammes) de mauvaise laine, et six rotoli (4 kil. 764 grammes) de fromage.

Chevaux. — Les chevaux siciliens sont petits, mais très-robustes.

Anes, mulets. — Les ânes et les mulets, animaux si nécessaires dans un pays montagneux comme la Sicile, y sont aussi bons que beaux et nombreux. Il existe surtout dans le comté de Modica, val de Noto, une superbe race de baudets, dont la taille va quelquefois jusqu'à cinq pieds ; leur couleur est noire ou brune, les oreilles longues et horizontales, et les yeux bordés de feu. Leur prix s'élève souvent jusqu'à 1,000 fr. (80 onces).

Porcs. — Les porcs sont d'une assez belle race, je dirai dans le chapitre suivant combien leur nombre est considérable.

Fromages.—Il paraît que les fromages siciliens étaient fort estimés des anciens ; plusieurs écrivains d'une antiquité reculée en parlent avec éloges ; entre autres Aristophane dans ses comédies , et Athénée dans son *banquet des savans.* Ils ne soutiennent plus aujourd'hui la concurrence avec les fromages étrangers ; toutefois, comme on en fait abondamment en Sicile, il s'en exporte une certaine quantité pour Naples, Rome, Livourne et Venise.

Peaux. — On envoie de la Sicile à Marseille et dans tous les ports d'Italie des peaux de chevreaux, d'agneaux, de lapins et de lièvres.

Suifs. — Il s'expédie chaque année en France et en Allemagne une quantité de suifs de la valeur d'environ 300,000 fr.

Os. — Il se fait quelques expéditions d'os pour Marseille , où se trouvent des raffineries de sucre.

ARTICLE XIX.

Cantharides.

Coléoptères de la famille des épispastiques, sous ordre des hétéromécs.

Synonymie : genre *meloé* de Linné ; *Cantharis vesicatoria*, de Geoffroy ; *Lytta vesicatoria*, de Fabricius, etc.

Caractères : antennes noires, filiformes ; élytres molles, longues et flexibles ; couleur vert-doré luisant ; tarses de couleur brune foncée.

Ces coléoptères, qui voyagent en troupes nombreuses,

abondent en Sicile où on les récolte dans les mois de mai et de juin sur les frênes, les troënes, les micocouliers, arbousiers et autres.

Avant que de secouer les plantes sur lesquels les cantharides se sont jetées, on place dessous un grand drap qui sert à les recueillir; on en remplit ensuite des tamis de crin que l'on pose sur des vases remplis de soufre allumé et de vinaigre en ébullition, pour les faire périr. Enfin on les fait dessécher en les exposant pendant plusieurs jours aux rayons du soleil. L'odeur forte que ces insectes répandent au loin, a souvent de fâcheux résultats pour les personnes qui s'y trouvent trop long-temps exposées; aussi n'est-ce pas sans quelque surprise que j'en ai vu plusieurs fois des amas considérables sur les places publiques de Palerme; la police sanitaire de cette ville devrait s'y opposer.

Après leur complète dessication, les cantharides sont enfermées dans des bocaux de cristal, soigneusement bouchés, et exportées à Marseille, à Gênes, en Anglegleterre et en Allemagne, où elles sont d'un grand usage pour la thérapeutique.

APPENDICE AU CHAPITRE PREMIER.

—

L'agriculture fournit encore à la Sicile d'autres ressources qui pourraient devenir un jour de nouveaux élémens de prospérité. Les bornes que je me suis imposées me permettent à peine d'en faire une courte mention.

Les habitans des côtes méridionales exportent des fruits frais à Malte.

Les jardiniers cultivent avec succès dans toutes les parties de l'île :

1º. Le fenouil qui sert à faire la liqueur, appelée ici *zammù* ou *zambù*. Ils cultivent également une espèce de fenouil doux, dont la racine se sert, même sur les bonnes tables, avec le dessert.

2º. Quatre espèces de choux, parmi lesquels sont le *broccoli* et le *chou-navet.*

3º. Quatre espèces de citrouilles (en italien *zucche*, en sicilien *cucuzza*).

4º Trois espèces de concombres.

5º Les melons, melons-pastèques, etc.

6º L'asperge sauvage est fort commune en Sicile. Elle ne vaut pas l'asperge cultivée, mais les Siciliens s'imaginent qu'on veut rire à leurs dépens quand on leur dit que, sur le continent, on ne mange que cette dernière espèce.

7º Le cardon, la betterave et toutes les plantes généralement connues en France sous le nom de plantes potagères.

Parmi les arbres dits à paysage, le *schenus molle* (de Linnée) mérite d'être cité. Sa feuille dentelée retombe comme celle du saule pleureur. Les Siciliens l'appellent *poivrier* parce que sa feuille et sa graine ont une forte odeur de poivre.

On concevra sans peine, d'après ce qui précède, que la flore sicilienne doit être une des plus riches de l'Europe. Indépendamment des plantes qui lui sont communes avec les flores d'autres pays, elle en possède plusieurs qui lui sont particulières et dont cent, environ, ont été décrites :

1º Dans le *Systema Vegetabilium*, de Linnée ;

2º Dans l'*Hortus catholicus* (1) de Cupani ;

3º Le *Panphyton Siculum*, du même auteur ;

4º Dans le *Hortus Panormitanus*, de Bernardin d'Uria ;

5º L'*Encyclopedie botanique*, de Lamarck.

6º L'ouvrage intitulé : *Caratteri di alcuni movi generi e nuove specie di animali e piante della Sicilia*, par Rafinesque Schmaltz ;

7º Le *Précis des découvertes somiologiques*, du même auteur ;

8º *Stirpium rariorum*, etc., *in Sicilia sponte provenientium*, du baron Bivona.

(1) On ne se douterait pas que par ces mots : *Hortus catholicus*, Cupani a voulu dire : Jardin du prince de Catholica (*Principe della Cattolica*). Il est évident qu'il aurait dû dire *Hortus catholica* ou *Hortus catholicanus*.

Un voyageur français, M. Auguste de Sayve, écrivait en 1821 : « A huit lieues de Palerme est un bourg nommé Misilmeri, où était » un fameux jardin botanique connu sous le nom de *Hortus catho-* » *licus*. » Ç'est une erreur : on n'a jamais connu sous ce nom que l'ouvrage de Cupani ; quant au jardin lui-même, on le connaissait sous son véritable nom italien, *Orto di Cattolica*.

Le directeur actuel du jardin botanique de Palerme travaille à une *Flore sicilienne*. On y trouvera certainement une grande quantité d'espèces et même de genres inconnus jusqu'ici.

Je viens de citer M. Rafinesque-Schmaltz. Ce négociant naturaliste s'associa en 1810 avec un écrivain sicilien assez connu par de médiocres ouvrages, le sieur Emmanuel Ortolani, et tous deux publièrent une brochure in-12, de quelques feuillets seulement, sous le titre pompeux de : *Statistica generale di Sicilia, divisa en due parti*, (fisico e morale), etc. Il n'y a dans ce petit écrit que les notions les plus communes tirées de divers ouvrages déjà oubliés et, en particulier, de celui de l'abbé Léanti, intitulé : *lo Stato presente della Sicilia. Palermo* 1761. Je pourrais, toutefois, faire une exception en faveur de la nomenclature d'un assez grand nombre de plantes que M. Schmaltz dit avoir découvertes, si on ne trouvait dans l'ouvrage cité plus haut du baron Bivona une note dans laquelle ce botaniste sicilien déclare que plusieurs des plantes que M. Schmaltz prétend exister en Sicile ne s'y trouvent point. Cette assertion est confirmée, pour moi, par tout ce que j'ai pu recueillir sur les lieux de notions à cet égard.

M. Schmaltz a imprimé à la tête de l'un de ses ouvrages subséquens que la deuxième partie de sa *Statistique* (morale) avait été prohibée par un ministre ignorant ; ce sont ses expressions.

CHAPITRE II.

—

CAPITAL DE L'AGRICULTURE.

Le gouvernement sicilien lui-même ne possède pas les détails que je me suis procurés sur le capital de l'agriculture, et je dois avouer ici que je n'aurais jamais entrepris un pareil travail si, dans le principe, j'avais pu comparer les fatigues de la recherche avec l'importance du résultat : Leur disproportion a quelque chose d'humiliant, et jamais on ne croira ce qu'il m'en a coûté de temps, d'écritures, de soins de toute nature pour me procurer les renseignemeus même les plus simples. Outre les ouvrages déjà cités de l'abbé Leanti, de Rosario di Gregorio, d'Ortolani, de Rafinesque-Schmaltz, de Deweltz, du docteur Indelicato, de Niccolò Palmieri, etc., j'ai dû compulser une grande quantité de journaux quotidiens ou hebdomadaires, de notes commerciales et de mémoires inédits; travail qui, plus d'une fois, a éveillé, sans motifs raisonnables, les soupçons ombrageux des personnes qui auraient dû le plus m'encourager et me soutenir. Enfin, la correspondance que j'ai entretenue exactement pendant plusieurs années avec divers fonctionnaires placés dans l'intérieur de l'île m'a tiré heureusement de cet inextricable labyrinthe où je m'étais avancé trop inconsidérément. Je présente avec confiance les détails qui vont suivre.

Le capital de l'agriculture se compose :

1° De la valeur des terres ;

2° De la valeur des habitations rurales (non comprises celles dites de luxe ou d'agrément) ;

3° De la valeur des animaux ;

4° De la valeur des outils aratoires, mobilier des fermes, etc.

ARTICLE Ier.

Valeur des terres.

La circonférence exacte de la Sicile est encore à déterminer.

Selon Diodore, cette île aurait de circuit	552 milles.
Ptolémée lui en assignait. . . .	586
Arezzo lui en donne.	616
Fazello. . . . . , . .	624
Maurolico.	700
Cluvier.	600

Enfin, selon d'autres écrivains moins connus, la périphérie de la Sicile varie de 550 à 735 milles.

Quant à sa superficie, les opinions sont actuellement partagées entre Ortolani qui lui donne 1,600,000 salmes carrées (voyez ses divers ouvrages sur la Sicile), et Schmittau qui lui en assigne 1,426,531 (voyez sa carte géographique de la Sicile). Ce dernier chiffre est le plus exact. Toutefois, ayant eu connaissance de plusieurs travaux importans faits à ce sujet dans les bureaux de la topographie militaire, je crois devoir le porter à 1,500,000 salmes. C'est d'ailleurs le chiffre adopté par M. Niccolo Palmieri, que je cite toujours avec confiance.

Sur ce nombre, une moitié se compose de terres labourables, dont la rente, calculée très-approximativement à douze carlins par salme, ensemble 300,000 onces, représente un capital de 6,000,000 d'onces.

Les vignobles forment la cinquantième partie de la superficie totale, ou 30,000 salmes. La rente, à raison de 2 onces 15 taris la salme, ensemble 75,000 salmes, donne un capital de 1,500,000 onces. Enfin, sur les autres 720,000 salmes, la moitié, ou 360,000 salmes, se compose de bois, jardinage et cultures particulières d'un revenu, pris ensemble de 375,000 onces; en capital 7,500,000 onces.

ARTICLE II.

Fermes.

On peut les évaluer à raison d'une ferme pour 30 salmes carrées; ensemble 50,000 fermes, de la valeur, l'une portant l'autre, de 100 onces; en tout 5,000,000 onces.

ARTICLE III.

Animaux.

Le nombre des chevaux, jumens, mules, mulets, ânes, spécialement réservés aux travaux de l'agriculture, est d'environ 500,000, dont le prix, terme moyen, est de 20 onces; ensemble 10,000,000 onces.

(131)

On compte environ 280,000 individus de gros bétail, savoir :

160,000 vaches à 5 onces, ensemble 800,000 onces.
 80,000 bœufs à 12 onces, ...   960,000
  8,000 taureaux à 10 onces, . .   80,000
 32,000 veaux et génisses à 3 onces, 96,000

           Total. 1,936,000

Petit bétail. — Brebis, moutons, agneaux, chèvres, chevreaux, etc., ensemble 860,000 individus à 12 taris, l'un portant l'autre ; total 344,000 onces.

Porcs. — Cet animal se multiplie singulièrement en Sicile, et les calculs les moins exagérés en portent le nombre à 350,000, du prix de deux onces ; total 700,000 onces.

J'ai calculé le nombre des animaux de basse-cour sur les bases suivantes :

Les Siciliens font une grande consommation d'œufs, et en comparant les données qui m'ont été transmises, à ce sujet, de diverses parties de l'île, avec ceux que j'ai pu recueillir moi-même dans l'intérieur de plusieurs familles siciliennes de toute condition, j'ai lieu de penser que chaque individu, l'un portant l'autre, consomme annuellement 60 œufs. Or, la Sicile renfermant, environ, 1,600,000 habitans, le nombre des œufs consommés s'élève, chaque année, à 96,000,000. Une poule donne ici, communément, 40 œufs dans un an, le nombre de ces animaux doit donc s'élever à 2,400,000. Quant aux coqs, on sait que l'usage en Sicile est d'en donner un à douze poules : il doit y en avoir, par conséquent, 200,000 ;

total 2,600,000 poules et coqs, à raison de 2 taris l'un, faisant ensemble, environ , 180,000 onces.

On peut estimer que les autres animaux de basse-cour, de colombier, de garenne, etc. , tels que pigeons , canards et autres, dont il est impossible de connaître le nombre exact, représentent un capital de 40,000 onces , c'est-à-dire un peu moins du quart de la valeur des poules et coqs.

Article iv.

Outils aratoires, Mobilier de la ferme.

J'ai dit que le nombre des fermes était de 50,000. Le mobilier et les outils de chacune d'elles ne s'élèvent pas, terme moyen, à plus de 30 onces, total 1,500,000 onces.

RÉCAPITULATION DU CHAPITRE II DE LA SECONDE PARTIE.

(CAPITAL DE L'AGRICULTURE.)

ARTICLE PREMIER.

1,500,000 salmes, dont :

750,000 salmes de terres labourables.	6,000,000 onces.	
30,000 »	de vignobles.	1,500,000 »	
360,000 »	de bois, culture particulière.	7,500,000 »	15,000,000 onces.
360,000 »	sans valeur.	» »	

ARTICLE II.

Article unique. 50,000 fermes. . . . . 5,000,000 »

ARTICLE III.

500,000 chevaux, jumens, mulets, ânes, etc. . . . . . . 10,000,000 »

280,000 bêtes bovines.
160,000 vaches.	800,000 onces.	
80,000 bœufs.	960,000 »	1,936,000 »
8,000 taureaux.	80,000 »	
32,000 veaux et génisses.	96,000 »	

860,000 moutons, brebis, chèvres, etc. . . . . 344,000 »

350,000 porcs. . . . . 7,000,000 »

2,600,000 poules et coqs. . . . . 180,000 »

pigeons, canards, etc. . . . . 40,000 »

19,500,000 »

ARTICLE IV.

Article unique. Outils aratoires, mobilier de la ferme. . . . . 1,500,000 »

TOTAL du capital de l'agriculture. . . . . . 41,000,000 onces.

Quarante-et-un millions d'onces qui, à raison de 13 fr. 20 cent. par once, équivalent à 541,200,000 fr.

CHAPITRE III.

—

EXPORTATION DES PRODUITS AGRICOLES.

Les états de commerce transmis au ministère des af-
faires étrangères par le consulat du roi à Palerme, pour
les années 1824, 1825 et 1826 donnent les résultats
suivans, calculés en monnaie de France.

1824.

Importations.	32,281,000 fr.
Exportations.	28,894,000
Excédant des importations. . . .	3,387,000

1825.

Importations.	17,986,000 fr.
Exportations.	22,504,000
Excédant des exportations. . . .	4,518,000

1826.

Importations.	10,194,000 fr.
Exportations.	15,258,000
Excédant des exportations. . . .	5,064,000

On voit par ces chiffres : 1° qu'en 1824 il y a eu, chose extraordinaire, un excédant d'importation. Cette circonstance est due à ce que le gouvernement des Deux-Siciles ayant fait connaître, dans le courant de cette même année, qu'un nouveau tarif de douanes, infiniment plus onéreux pour le commerce d'importation que celui qui était alors en vigueur, serait publié au 1er janvier 1825, les négocians s'empressèrent d'importer en Sicile les marchandises dont l'introduction allait être soumise, désormais, à des droits plus élevés ; mais, dans les années suivantes, la balance a repris sa position ordinaire et il y a eu un excédant des exportations, ainsi que je l'ai dit dans la première partie de cet écrit ;

2° On y voit encore la diminution progressive et effrayante du commerce ; fait incontestable et avoué par ceux-mêmes qui n'ont pu connaître les résultats des relevés et des calculs par lesquels on est arrivé aux chiffres qui précèdent.

Sur les trois années que j'ai prises pour base de mes calculs, nous obtenons, pour les exportations de la Sicile, une moyenne de 20,000,000 de francs, représentant environ 1,500,000 onces.

Sur cette somme, et d'après ce qui a été dit au chapitre premier de cette deuxième partie, les produits agricoles entrent pour les résultats suivans :

Articles suivant leur degré d'importance.

	Onces.
Soie grège et organsins.	290,000
Oranges, citrons, etc.	200,000
Sumac.	180,000
A reporter. . . .	670,000

		Onces.
D'autre part. . .		670,000
Huiles { d'olives. . . . . 140,000 ; de lin. . . . . 12,000 ; d'amandes, colza, ricin, etc. » }		152,000
Amandes.		54,000
Vins { de Marsala. . . . . 20,000 ; de Syracuse, Lipari et autres. 25,000 }		45,000
Pâte de réglisse.		42,500
Orge.		37,500
Cotons.		35,000
Acide citrique.		24,000
Suifs.		24,000
Manne.		20,000
Raisins secs.		15,000
Essences.		12,000
Fèves.		12,000
Fromages		12,000
Poix-chiches, lupins et autres légumes. . .		10,000
Tartres blanc et rouge.		10,000
Cuirs et pelleteries.		10,000
Figues sèches. . . . . } Noisettes. . . . . } Grenades. . . . . } Noix-de-Galle. . . . . }		8,500
Pistaches.		8,000
Soude.		6,000
Caroubes.		5,000
Liége.		5,000
Os.		4,500
Cantharides.		3,000
A reporter. . . .		1,225,000

	Onces.
D'autre part. . . .	1,225,000
Chanvre.	3,000
Olives salées.	2,500
Safran.	1,500
Graines longues, escajole, etc.	800
Total.	1,232,800

Représentant à peu près 16,000,000 francs.

Le complément de la somme totale des exportations (1,500,000 onces)¹, ou 267,200 onces, se compose des articles suivans :

	Onces.
1º Soufre.	80,000
2º Soies ouvrées.	20,000
3º Objets divers, manufacturés.	67,200
4º Poissons salés, sels, coraux, chiffons, etc.	100,000
Total.	267,200

❀

Conclusion.

J'ai divisé cet écrit en deux parties.

Dans la première j'ai signalé les causes diverses des maux qui pèsent sur la Sicile. Stationnaire pendant l'occupation militaire des Anglais, elle n'a participé en rien à l'impulsion que la révolution de France et le système continental ont donnée aux arts et à l'industrie; l'insouciance des barons siciliens a laissé s'accroître ce désavantage de position; la nouvelle législation n'a point satisfait aux besoins du pays; les propriétés ont conservé une étendue hors de proportion avec les ressources financières des propriétaires; les impôts sont aussi onéreux que mal répartis; le système de prohibition sur les marchandises étrangères arrête le débouché des produits agricoles en refoulant les acheteurs sur d'autres contrées; la privation des moyens de circulation à l'intérieur est un obstacle immense à la civilisation, et une cause de renchérissement sur le prix des denrées; le système d'administration n'est basé ni sur les ressources ni sur les besoins de la localité. L'amovibilité des magistrats inspire, avec raison, peu de confiance en leur équité, chaque jour l'événement justifie cette prévention. Les tribunaux d'arrondissement ne suffisent pas aux besoins des communes ; les compagnies de *campieri*, par leur vice d'organisation, sont souvent funestes et jamais utiles aux agriculteurs ; les vols abigeats ne sont nulle part plus fréquens. Il n'est pas rare de voir vendre, pour une misérable somme, les outils aratoires et les meubles d'un cultivateur qui se trouve ainsi perdu sans ressources. Le mode de perception des impôts directs est aussi vexatoire que funeste aux véritables intérêts du trésor ; le système des *meta*, ou tarifs de comestibles, entrave toutes les opérations et accroît ordinairement les maux qu'il est destiné à prévenir. Les agriculteurs sont des objets de pitié et de mépris ; les champs confiés à leurs soins ont, habituellement, un tiers de leur superficie en jachères, perte positive et gratuite pour l'agriculture ; les campagnes sont désertes, les propriétaires se tiennent enfermés dans les grandes villes telles que Palerme, Messine et Catane ; les cultivateurs habitent les villes de l'intérieur : il en résulte des inconvéniens multipliés faciles à concevoir ; les baux de courte durée ne permettent aucune amélioration ; enfin l'ignorance des agriculteurs est au-dessus de toute expression, et l'art du pâturage semble retombé dans sa première enfance.

Dans la seconde partie j'ai passé en revue les divers produits agricoles de la Sicile, et l'on a pu y voir que peu de pays en Europe ont été, sous ce rapport, autant favorisés par la nature. Parmi ces produits il en est que les Siciliens ne connaissent plus que de nom, et qui cependant pourraient être encore pour eux ce qu'ils furent jadis, des sources de richesses ; d'autres, et en plus grand nombre, demanderaient un meilleur système de culture.

On a dû, d'ailleurs, se convaincre par la lecture de cet ouvrage que la Sicile pouvait trouver dans l'agriculture seule d'abondantes sources de prospérité, et que les moyens employés par le gouvernement pour y introduire, à grands frais, de chétives manufactures, sont tous également funestes et intempestifs. Je suis loin de méconnaître la pureté de ses intentions; je me borne à signaler ses erreurs. Ces dernières ont leur source dans des théories dont les pays ruinés, tels que la Sicile, repoussent l'application. Il en est des états comme des hommes : les riches seuls peuvent se livrer à des spéculations qui, exigeant une mise de fonds considérable, n'offrent que dans un avenir reculé des chances de succès.

Que le gouvernement sicilien cesse de repousser de ses états les étrangers qui, en échange des objets manufacturés qu'ils apportaient avec eux, venaient chercher les produits de la terre; qu'il s'efforce, de plus en plus, par tous les moyens qui sont en son pouvoir, de ranimer l'agriculture expirante ; qu'il se hâte de secouer de leur honteuse léthargie ces propriétaires insoucians, ces nobles mendians qui, au lieu de surveiller par eux-mêmes la culture de leurs terres, aiment mieux se tenir enfermés au sein des grandes villes, et y attendre que la mort vienne les frapper sur un lit qu'ils devront à la pitié de leurs créanciers; qu'il cesse de détourner de leur destination première les impôts levés pour la construction des routes ; qu'il répande les connaissances parmi la classe si nombreuse et si intéressante des agriculteurs, au moyen de ces institutions dont le continent lui fournira assez de modèles; que la Sicile reconnaissante reçoive de lui, avec une législation mieux appropriée à ses besoins actuels, des juges intègres et rendus indépendans par leur inamovibilité ; qu'il s'attache enfin à réformer les abus de la nature de ceux que j'ai suffisamment signalés, sans qu'il soit besoin de les reproduire ici, et un jour viendra où la Sicile, riche et heureuse sous un gouvernement paternel, lui rendra largement les bienfaits qu'elle en aura reçus. C'est alors qu'on verra s'élever, comme par enchantement, ces établissemens manufacturiers qui font aujourd'hui l'objet de tous les vœux de l'administration. La prospérité d'une nation peut atteindre rapidement aux bornes qui lui ont été assignées par la nature, quand le gouvernement sait consulter l'instinct et les penchans des peuples confiés à ses soins, et s'applique à éloigner les obstacles qui peuvent retarder la marche de leur indus-trie ; mais c'est un mauvais moyen pour s'enrichir que celui qui consiste à appauvrir ses voisins ; et cependant, de nos jours, les gouvernemens semblent vouloir se ruiner mutuellement par une guerre de douanes et de tarifs. Ces idées répugnent à la philosophie du siècle autant qu'à ses lumières : on ne saurait être long-temps heureux du mal-heur des autres.

FIN.

TABLE DES MATIÈRES.